普通高等教育“十二五”规划教材

现代工程制图习题集

主　编　陆载涵　刘桂红　张　哲
副主编　陈　全　罗　昕　许良元　刘　明
参　编　刘汉举　刘　薇　龚乃超　何　燕
　　　　张　竞　张向华　黄　丽
主　审　李武生

机械工业出版社

本习题集与陆载涵、刘桂红、张哲主编的《现代工程制图》配套使用。编排顺序与教材体系一致，本习题集的主要内容包括：制图基本知识、投影基础、图解法、基本立体视图、组合体视图、轴测图、机件常用的表达方式、标准件及常用件、零件图、装配图、其他工程图、计算机绘图等，习题集采用了最近新颁布的国家标准。

本书可作为机类、近机类专业的工程制图配套习题集，也可供工程技术人员参考。

图书在版编目（CIP）数据

现代工程制图习题集/陆载涵，刘桂红、张哲主编．—北京：机械工业出版社，2013.8（2024.1 重印）
普通高等教育“十二五”规划教材
ISBN 978-7-111-43045-2

Ⅰ.①现… Ⅱ.①陆…②刘…③张… Ⅲ.①工程制图-高等学校-习题集 Ⅳ.①TB23-44

中国版本图书馆 CIP 数据核字（2013）第 160190 号

机械工业出版社（北京市百万庄大街 22 号 邮政编码 100037）
策划编辑：丁昕祯 责任编辑：丁昕祯 余 皞
版式设计：霍永明 责任校对：刘志文
封面设计：张 静 责任印制：刘 媛
涿州市般润文化传播有限公司印刷
2024 年 1 月第 1 版第 4 次印刷
370mm×260mm · 9.5 印张 · 225 千字
标准书号：ISBN 978-7-111-43045-2
定价：29.00 元

电话服务 网络服务
客服电话：010-88361066 机 工 官 网：www.cmpbook.com
010-88379833 机 工 官 博：weibo.com/cmp1952
010-68326294 金 书 网：www.golden-book.com
封底无防伪标均为盗版 机工教育服务网：www.cmpedu.com

前　　言

本书贯彻了教育部工程图学教学指导委员会2010年颁布的《工程图学课程教学基本要求》，在教材内容上严格控制并适当降低难度。注重理论联系实际，适当增加实践性内容和环节，学以致用。在基本立体部分提出一种能提高学生空间思维和构型设计能力的基本立体表示法，并将其应用于基本立体、组合体、机件表达方法、零件图、装配图等教学内容中，以便分散和化解这些教学内容的难点，使学生易学、易懂。

本书的主要特点：

1）采用了最新的国家标准。本教材采用最新的国家标准。

2）将构型设计能力培养融入到传统的投影理论教学中，改进了原画法几何的思维模式，使其更适合现代工业设计对人才培养的要求。

3）重视徒手绘图、仪器绘图和计算机绘图三种绘图技能的训练。

4）将图解法另编一章，供多学时专业选用。在其他工程图样中编入了电气图和展开图，以便不同专业取舍。

5）习题题型多样化，既有计算机绘图题，也有尺规作图题，既有作图题，也有选择题。

本书由陆载涵、刘桂红、张哲统稿并任主编。陈全、罗昕、许良元、刘明任副主编，第一章由湖北工业大学工程技术学院刘桂红编写；第二章由湖北工业大学工程技术学院刘汉举编写；第三章由湖北工业大学工程技术学院刘薇编写；第四章由石河子大学罗昕编写；第五章由中南民族大学工商学院龚乃超编写；第六章由上海师范大学天华学院何燕编写；第七章由安徽农业大学许良元编写；第八章由湖北工业大学工程技术学院刘明编写；第九章由湖北工业大学陆载涵编写；第十章由武汉理工大学华夏学院陈全编写；第十一章由湖北工业大学商贸学院张哲编写；第十二章由武汉大学张竞和江苏理工学院张向华编写；附录由湖北工业大学工程技术学院黄丽编写。

本书由华中科技大学李武生教授主审。主审人提出了许多宝贵的意见和建议，给予了许多帮助和指导，对此表示衷心的感谢。

本书与陆载涵、刘桂红、张哲主编的《现代工程制图》配套使用。为方便使用，本习题集的编排顺序与教材体系保持一致，并相互配合，使教与学相统一，学与练相促进。

本书在编写过程中，参考了国内众多习题集，在此深表谢意。

由于编者水平有限，书中缺点和错误在所难免，敬请读者批评指正。联系E－mail：hglzh@ sina. com。

编　者

于武昌南湖

目　　录

1-1　字体练习

1 2 3 4 5 6 7 8 9 0

左右前后主俯仰侧视投影长宽高

尺寸内外厚薄轴测平立球顶环底

1 2 3 4 5 6 7 8 9 0

工图校核比例件数学院专业班级

椭圆毫米厘设计描审共第张系中

1 2 3 4 5 6 7 8 9 0

剖切断面局部旋转放大向视图形

高低分寸重件零装条件投影注明

A B C D E F G H I J K L M N

零件角紧技术要求未注均为圆弧

钢板铸铁青黄铜铝铅锌铬矩明时

O P Q R S T U V W X Y Z

名称序号材料备注装配示意展开

固定紧密松动滑动焊接转轴第张

A B C D E F G H I J K L M N

密封环焊铆联热处理弹簧镀铬铜

调质渗碳涂料滑板图号校院系中

	班级		学号		姓名		审阅		成绩	

O P Q R S T U V W X Y Z

a b c d e f g h i j k l m n o p q r s t u v w x y z

Ⅰ Ⅱ Ⅲ Ⅳ Ⅴ Ⅵ Ⅶ Ⅷ Ⅸ Ⅹ　$\alpha\ \beta\ \gamma\ \delta\ \theta\ \eta\ \pi\ \phi\ \mu\ \sigma$

1 2 3 4 5 6 7 8 9　1 2 3 4 5 6 7 8 9

湖北工业大学工程技术学院机械测控管专业制图

南华大学院中南民族大学工商学院电信工程学程

工程技术学院机械设计制造及其自动化包装测控

R3　C2　M24-6h　10js5(±0.003)　$\phi 20^{+0.010}_{0.023}$

M16×1-5g6g　$\phi 15^{0}_{-0.011}$　ϕ65H7

$\phi 25\frac{H7}{m5}$　$\frac{Ⅱ}{2:1}$　$\frac{A}{5:1}$

螺栓柱钉母垫圈键销齿轮滚珠轴承支架手柄端盖箱壳体法兰盘吊钩焊铆连接

技术要求未注圆角零装配钻沉孔深锥斜度热处理调质铸铁钢板青黄铜铝铬锌

班级		学号		姓名		审阅		成绩	

1. 注写尺寸。在给定的尺寸线上画出箭头，填写尺寸数字或角度数字（数值按1:1从图中量取，并取mm整数）。

(1)

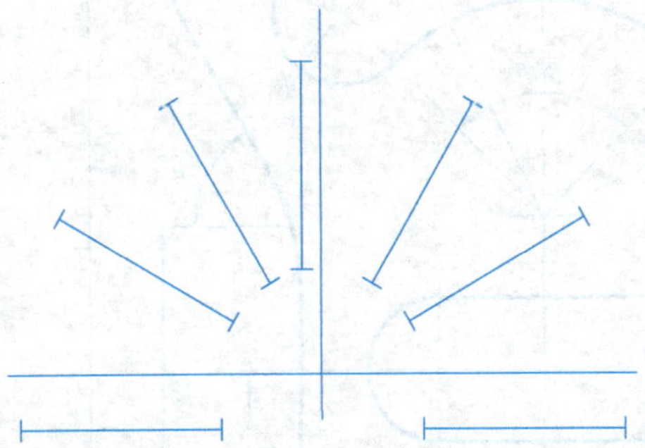

(2)

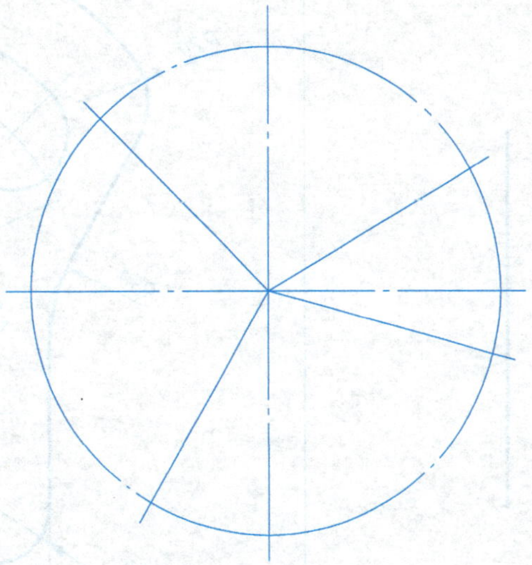

2. 在下列图形中标注尺寸数值并补全箭头（尺寸从图中直接量取整数）。

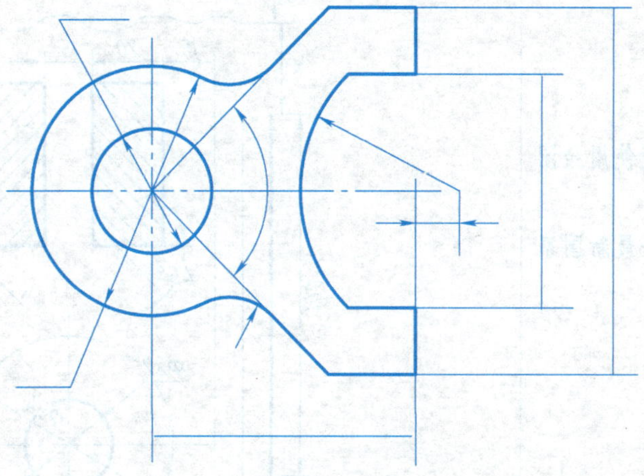

3. 画内接圆直径为ϕ50的正五边形。

4. 按下列图形中的尺寸，画全图形轮廓，不标注尺寸。

(1)

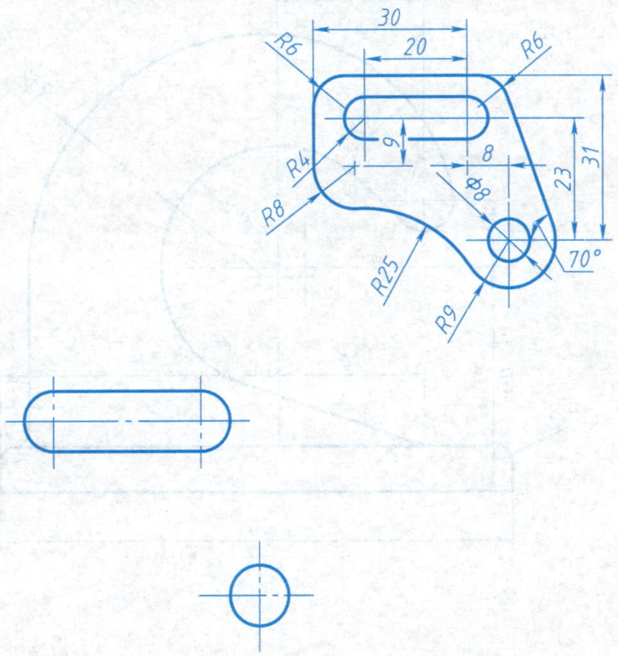

(2)

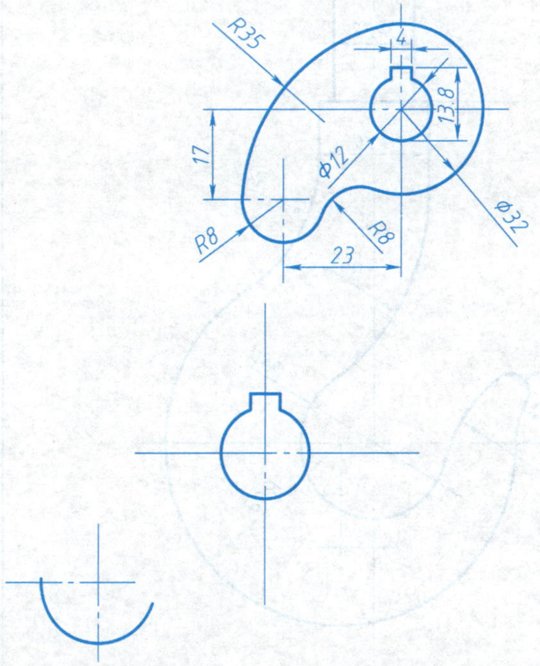

5. 已知椭圆长轴为70mm，短轴为50mm，用四心圆弧法按1:1的比例画出该椭圆。

	班级		学号		姓名		审阅		成绩	

基本训练作业指导

一、目的与要求

1）目的。初步掌握国家标准《技术制图》的有关内容，掌握使用绘图仪器和工具的方法。

2）要求。图形正确，布局适当，线型合格，字体工整，符合最新国家标准，图面整洁。

二、内容

1）抄画线型（不注尺寸）。

2）从零件轮廓中任选一个图形，抄画并标注尺寸。

三、图名、图纸幅面、比例

1）图名。基本练习

2）图纸幅面。A3 图纸

3）比例。1:1

四、绘图步骤及注意事项

1）绘图前应对所画图形仔细分析研究以确定正确的作图步骤，特别要注意零件轮廓线上圆弧连接的各切点及圆心位置必须正确，在图面布置时还应考虑预留标注尺寸的位置。

2）线型。粗实线宽度为 0.7～0.9mm，虚线及细实线宽度为粗实线的 1/2，虚线长度约 4mm，间隙 1mm，点画线长约 15～20mm，间隙及点共约 3mm。

3）字体。汉字均写成长仿宋体，标题栏内图名及图号为 10 号字，校名为 7 号字，姓名写在“制图”栏内，用 5 号字。

4）箭头。宽约 0.7～0.9mm，长为宽的 4 倍左右。

5）完成底稿后，经仔细校核后方可加深，用铅笔加深时，圆规的铅芯应比画直线的铅笔芯软一号。

一、线型

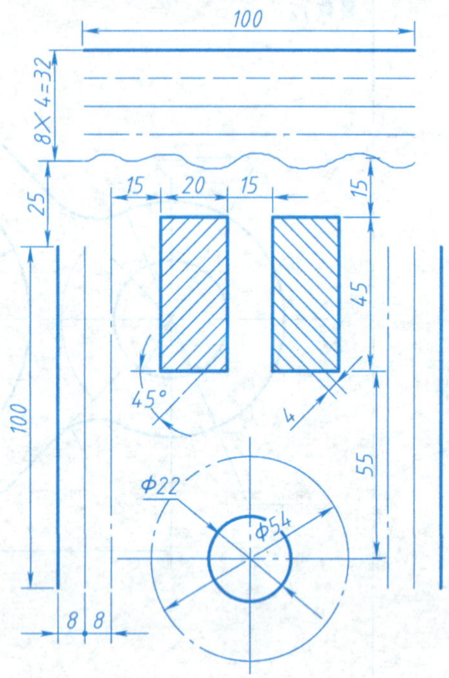

二、零件轮廓

1.

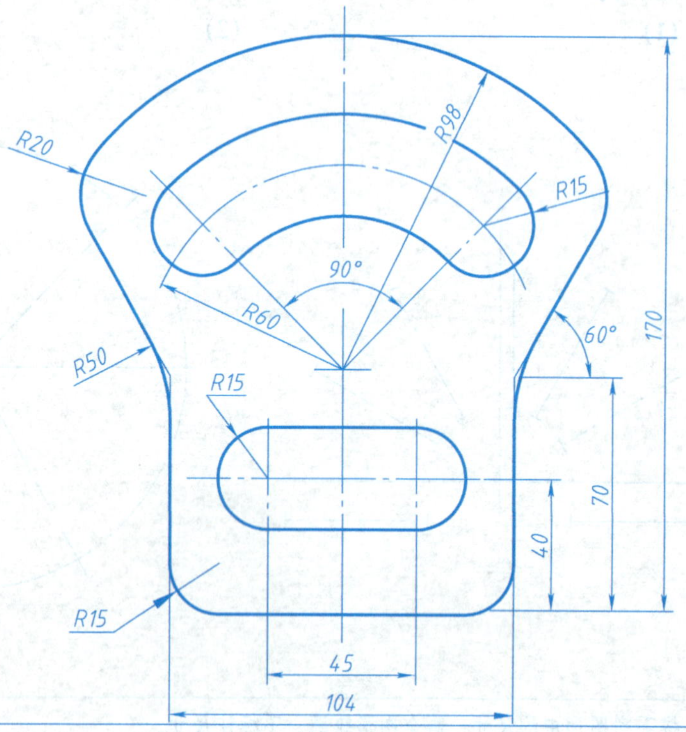

2.

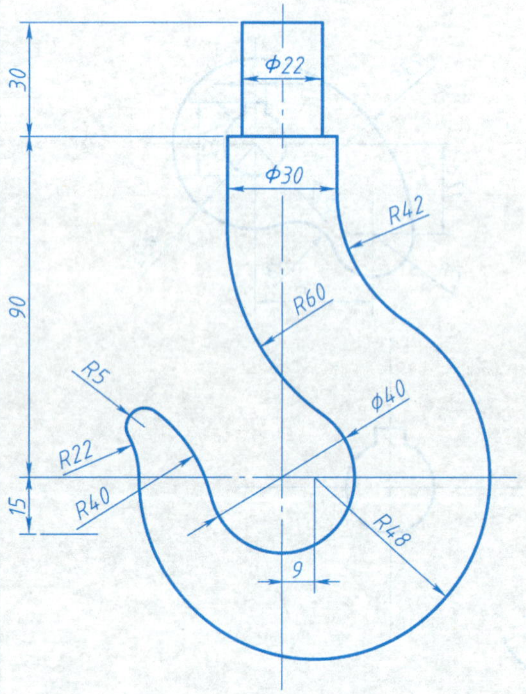

3.

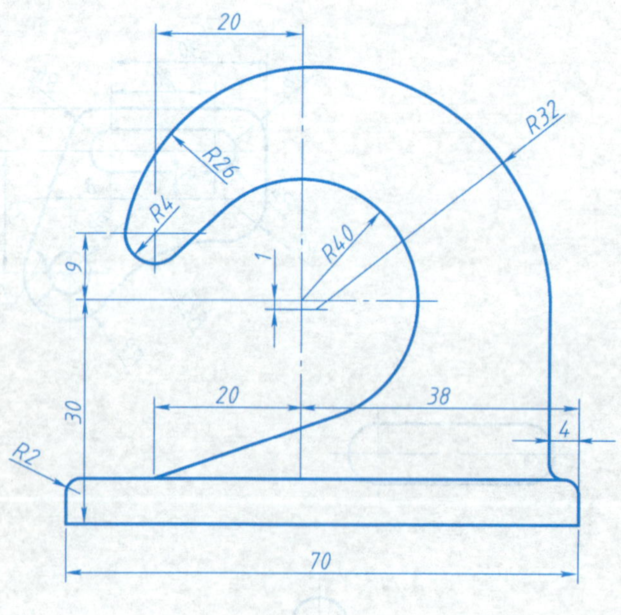

班级		学号		姓名		审阅		成绩	

2-1　三视图　由立体画三视图，尺寸从图中直接量取　5

1

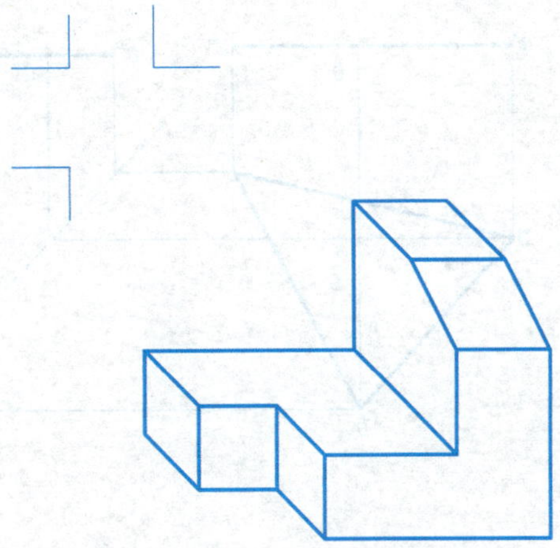

2

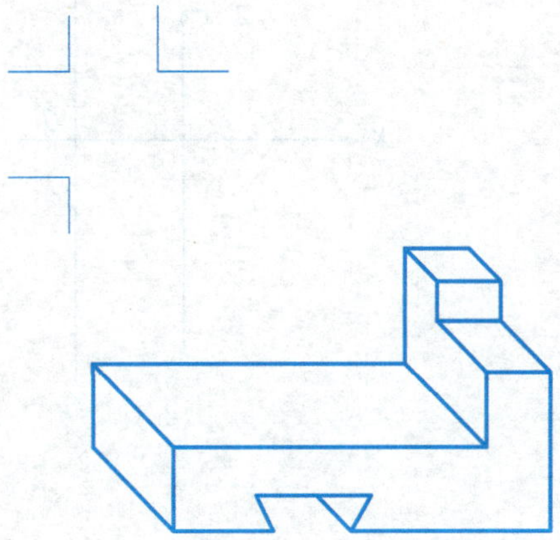

3

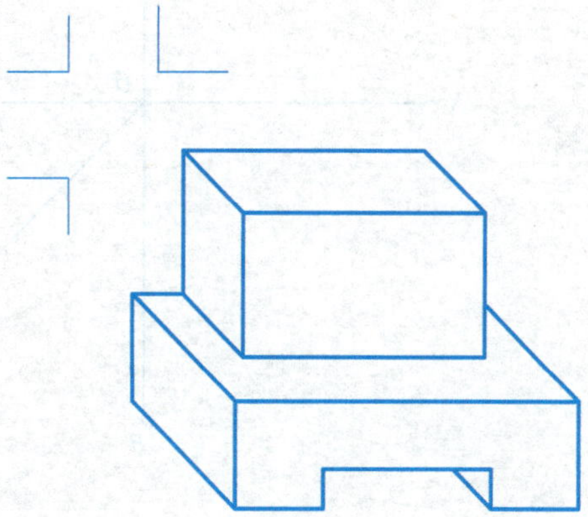

4

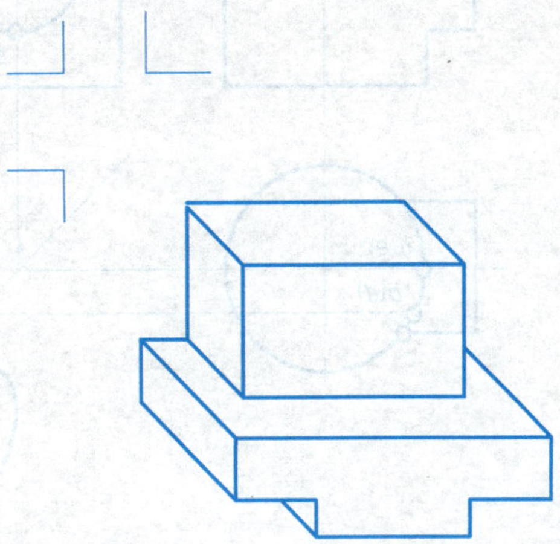

5

6

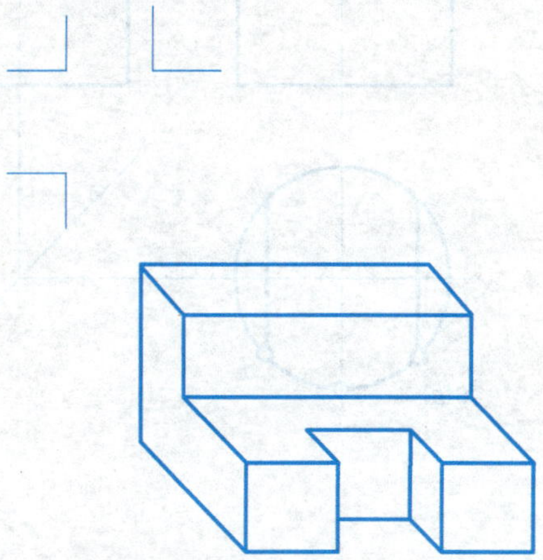

	班级		学号		姓名		审阅		成绩	

1. 已知A(20, 16, 8)、B(15, 0, 20) 两点，画出这两点的三面投影图。

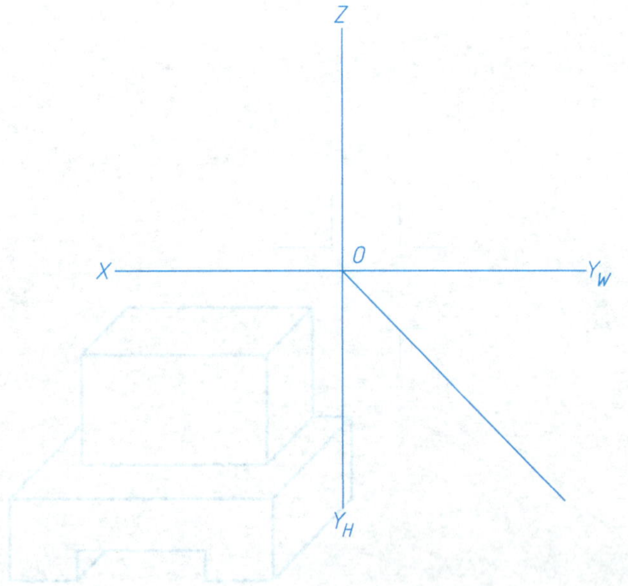

2. 已知下列各点的两个投影，作出其第三面投影。

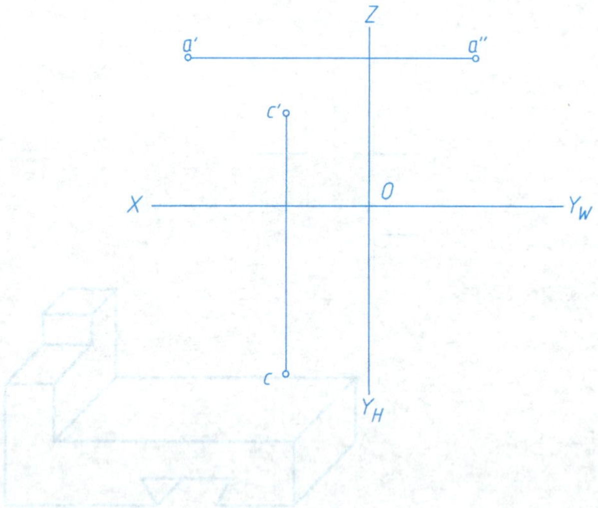

3. 已知顶点S在点B的正后方8mm，上方18mm，试补全三棱锥的三视图。

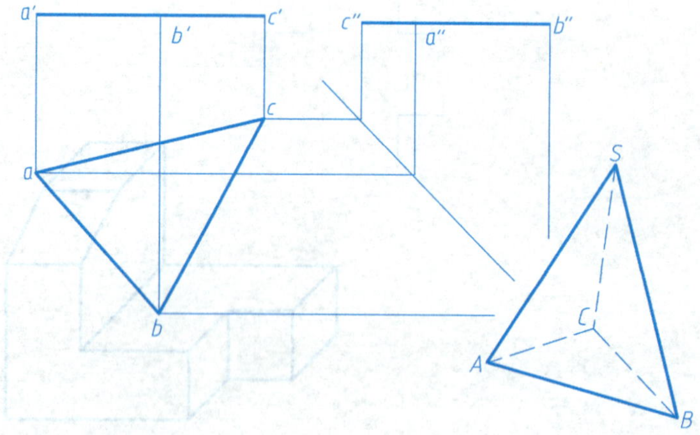

4. 根据点的已知两投影求出点A、B、C、D的侧面投影并标注和补全侧面投影。

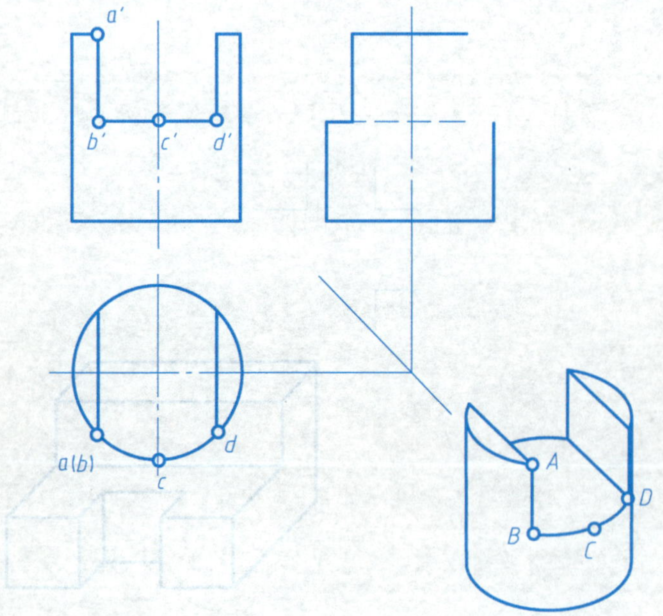

点B、D是对________面的重影点。

5. 根据点的已知两投影补全平面图形ABCDE的侧面投影。

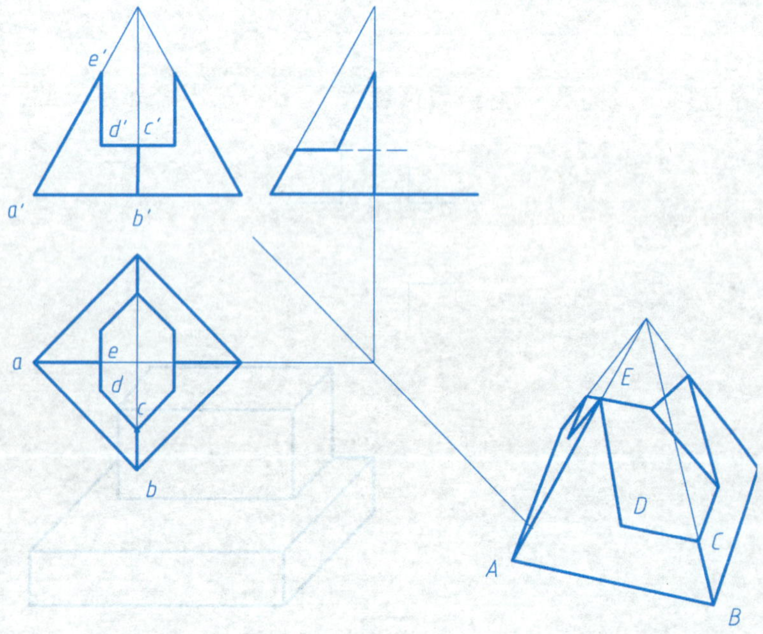

6. 根据点的已知两投影求出点A、B、C、D、E的正面投影，并补全正面投影。

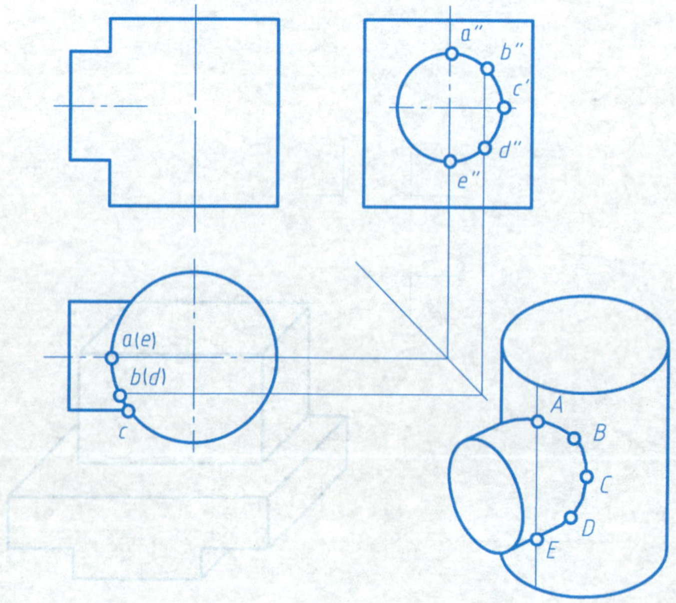

点A、E是对________面的重影点。

		班级		学号		姓名		审阅		成绩

1. 判别三棱锥线对投影面的相对位置，并画出棱锥的第三投影。

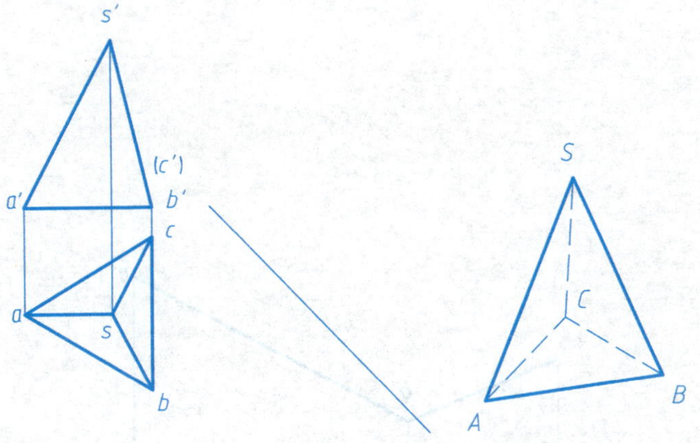

SA 是________线　AC 是________线

SB 是________线　BC 是________线

2. 判断三棱柱棱线对投影的位置，并画出三棱柱的左视图。

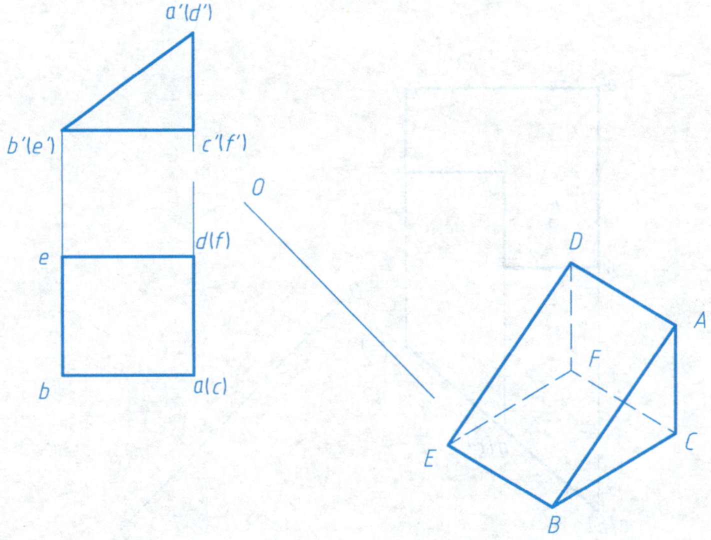

AB 是________线　AC 是________线

AD 是________线　BC 是________线

3. 已知点 A、B 在三棱锥的棱线上，试求两点的水平投影。

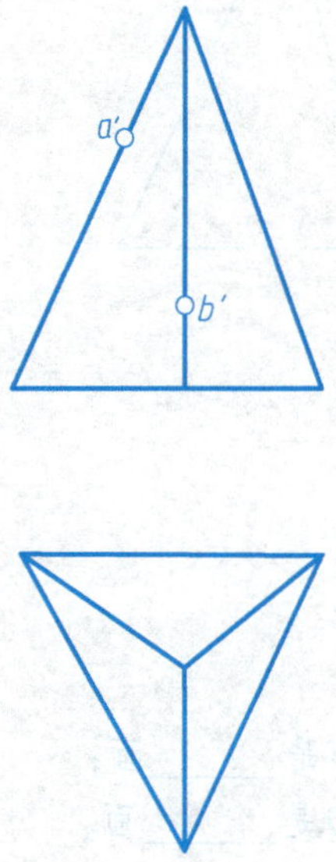

4. 已知点 A、B 在三棱锥的棱线上，试补全点的另外两个投影。

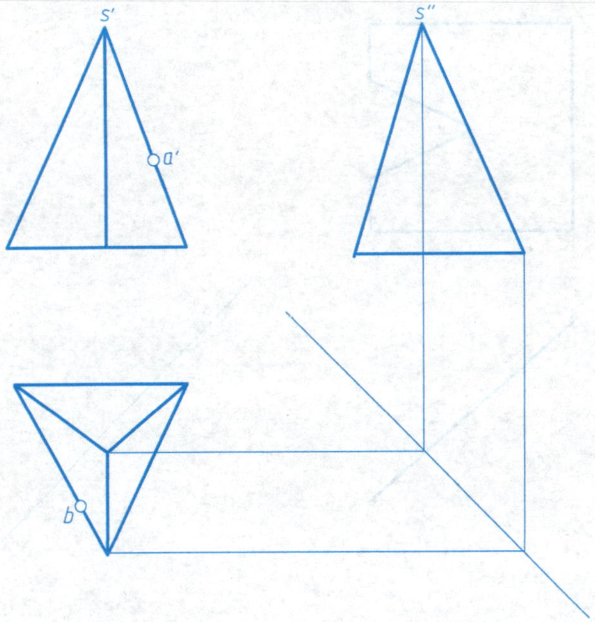

5. 过点 M 作一直线 MN，平行于棱线 AB（MN 长度任选）。

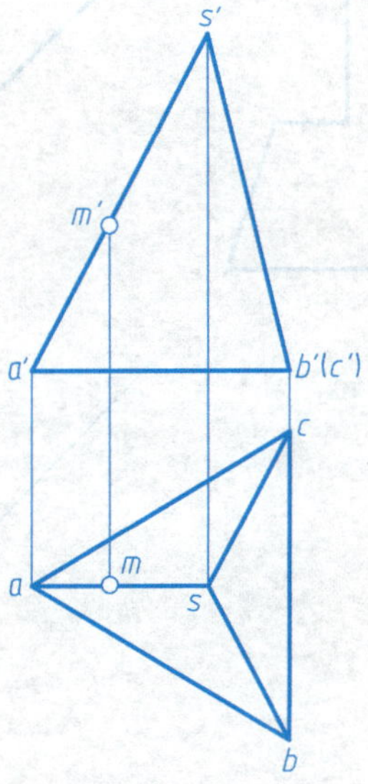

6. 补画三棱锥两交叉棱线 SA、BC 的水平投影，标出重影点 M、N 并将不可见性棱线画成虚线。

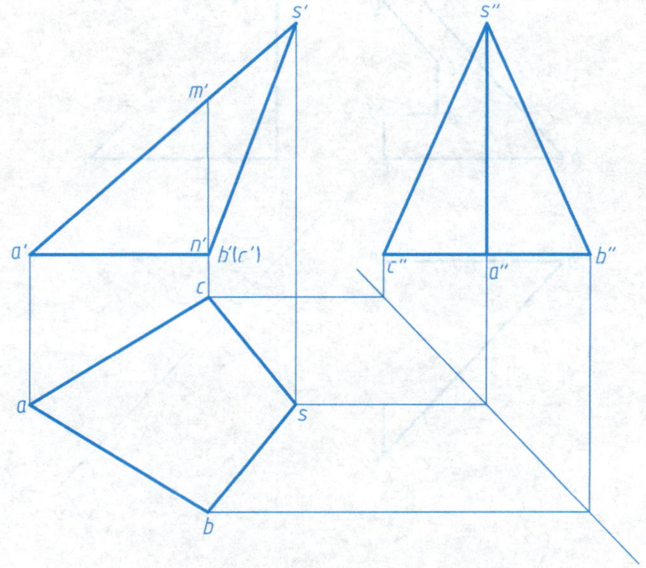

	班级		学号		姓名		审阅		成绩	

1. 补画切头三棱锥的左视图，并分析各平面的空间位置，然后填空。

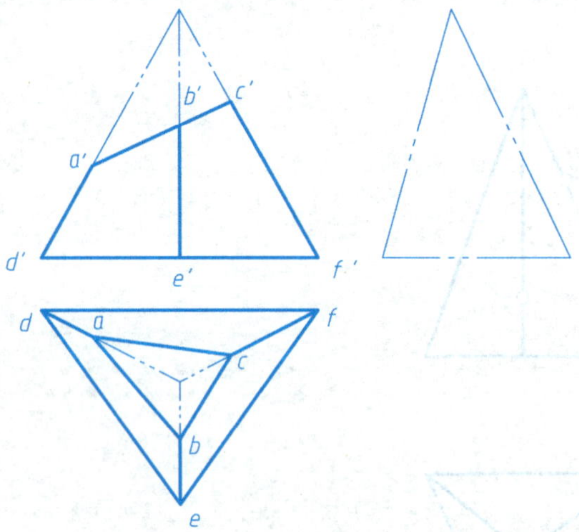

平面 *ABC* 是________面；　平面 *ABED* 是________面；

平面 *DEF* 是________面；　平面 *ACFD* 是________面。

2. 补全平面图形及该平面上点 *K* 的三视图。

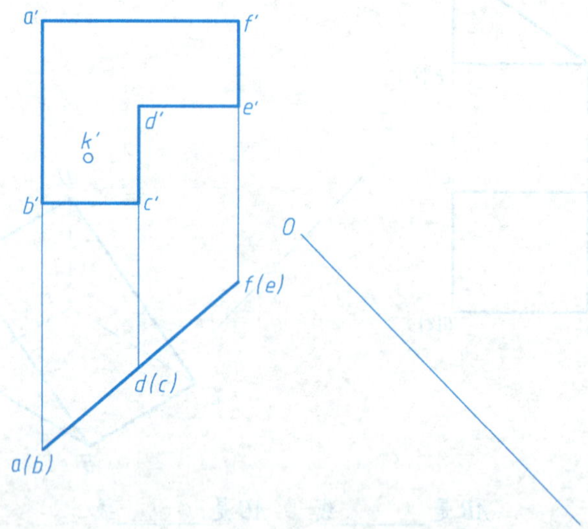

3. 完成平面图形 *ABCD* 的正面投影。

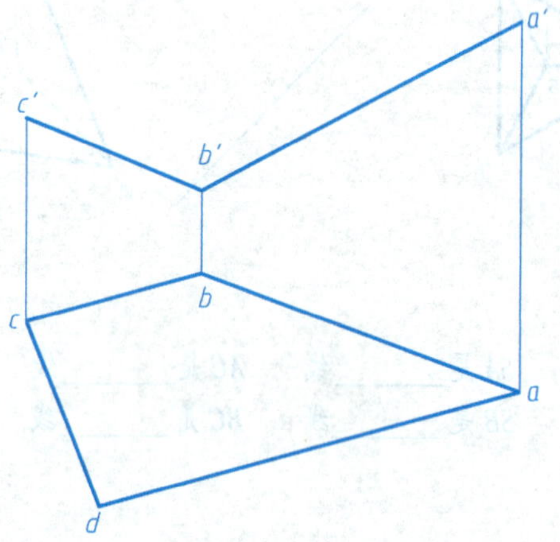

4. 已知 *FG*//*AB*，*EF*//*AC*，*DE*//*BC*。试补全平面图形*ABCDEFG*的三视图。

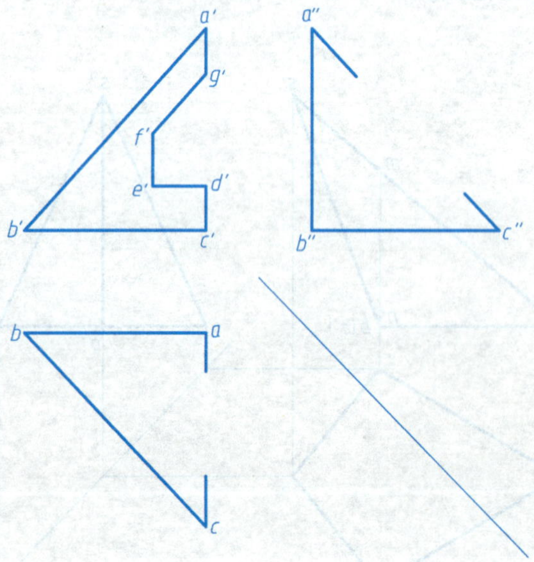

5. 已知平面图形的主视图和左视图，求俯视图。

6. 已知平面图形的主视图和俯视图，求左视图。

	班级		学号		姓名		审阅		成绩	

3-1　图解法基本作图

1. 求直线 *AB* 的实长和对 *V* 面的倾角。

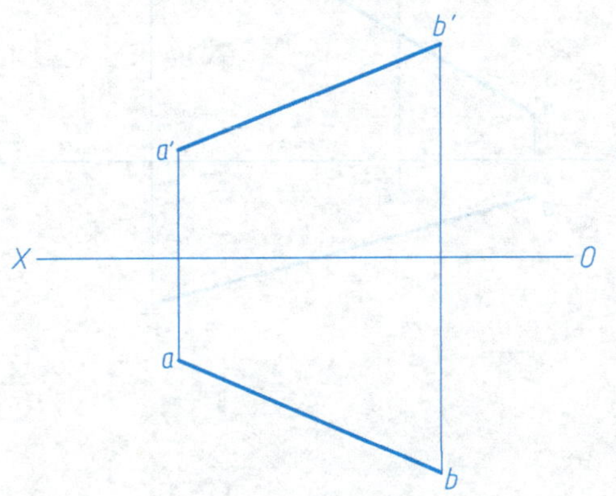

2. 判断两直线是否垂直（垂直的直线写出是垂直相交或垂直交叉）。

(1)

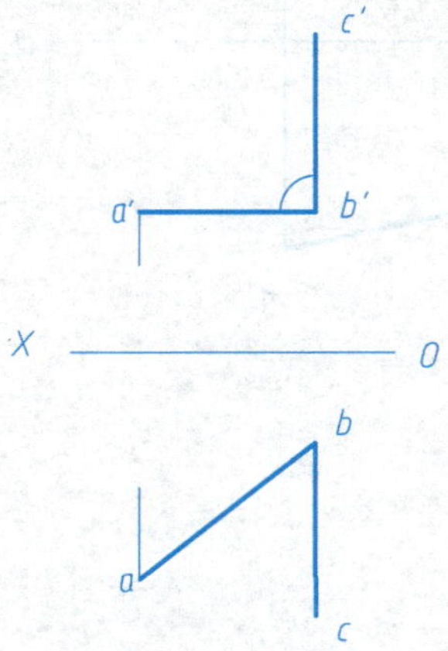

(2)

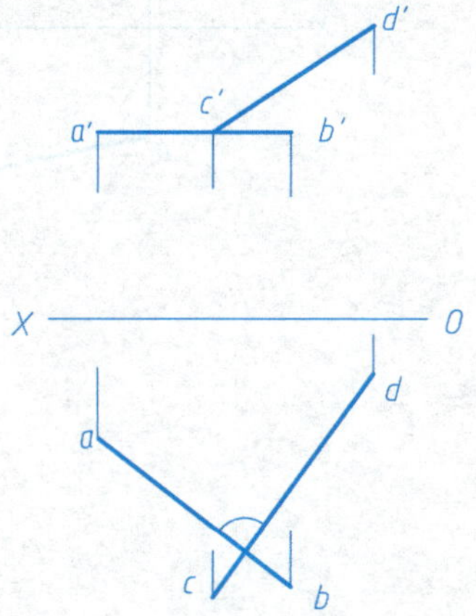

(3)

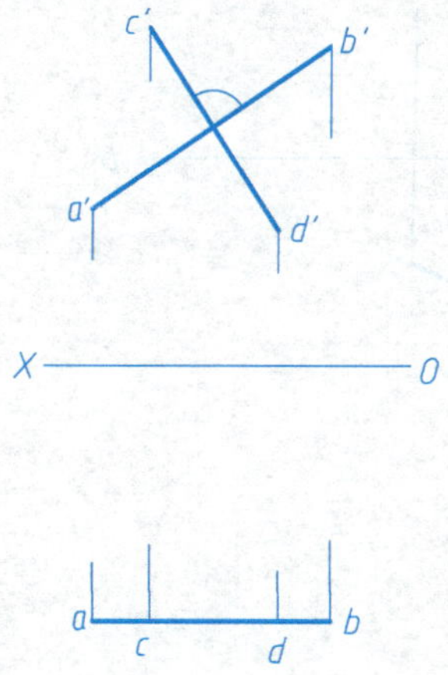

(4)

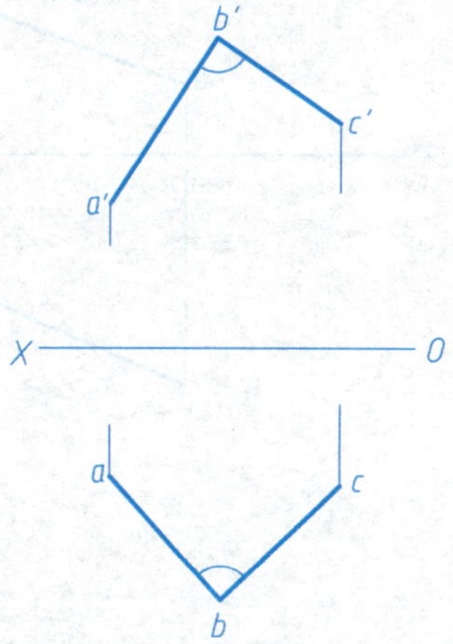

3. 过点 *A* 作直线与直线 *CD* 垂直相交，并求点 *A* 到直线 *CD* 的距离。

(1)

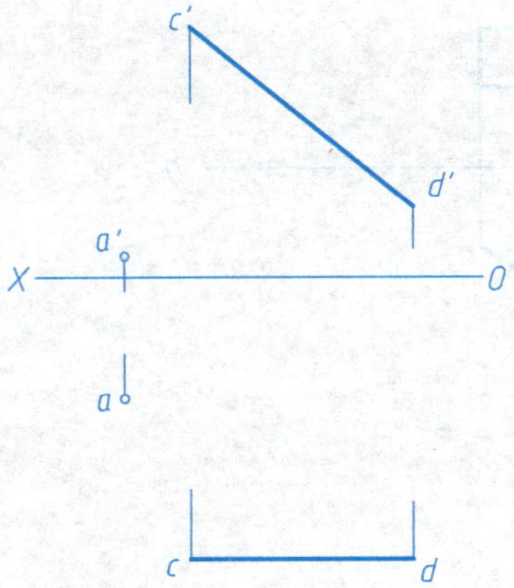

(2)

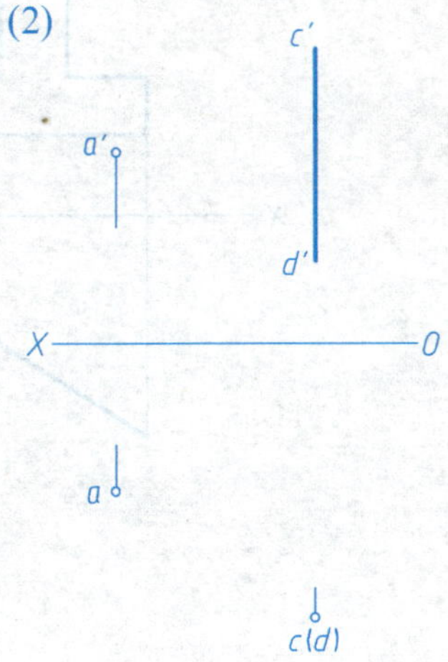

4. 求直线 *AB* 与 *CD* 的距离。

(1)

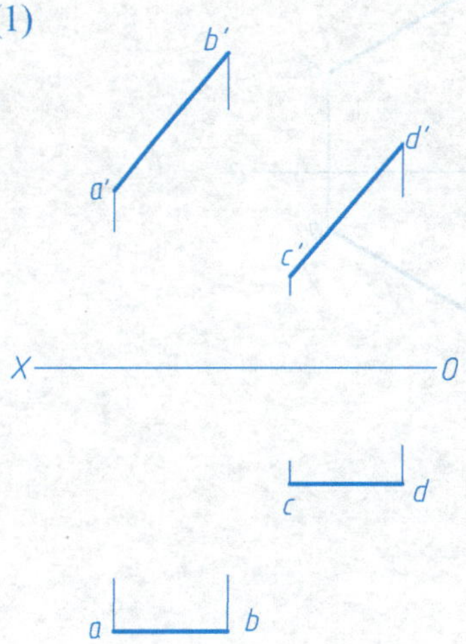

(2)

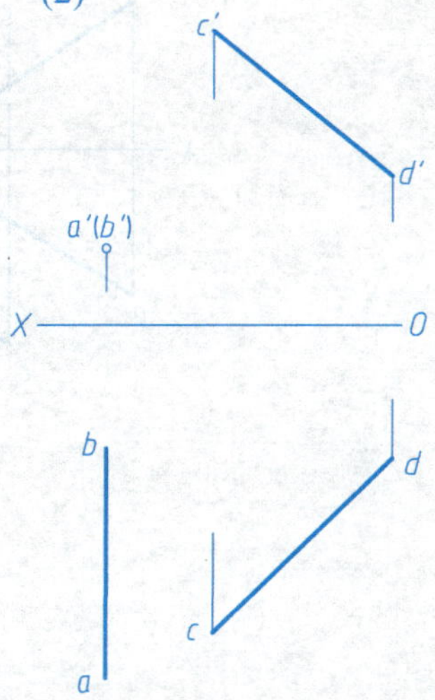

5. 求直线 *AB* 与 *CD* 的公垂线。

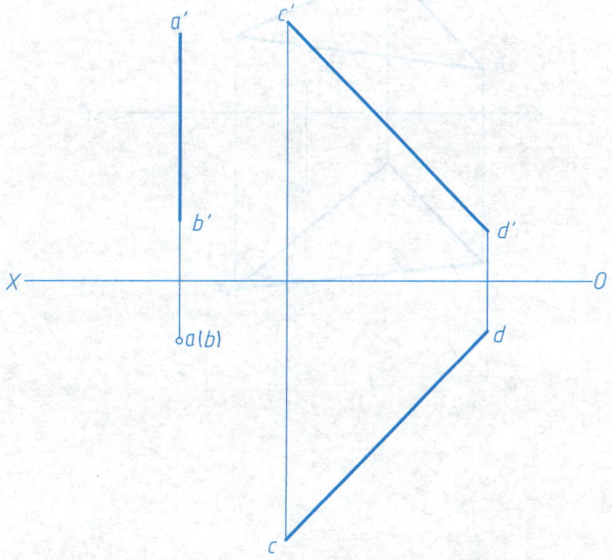

班级		学号		姓名		审阅		成绩	

1. 用换面法求直线 *AB* 的实长及其对 *H* 面的倾角 α 和对 *V* 面的倾角 β。

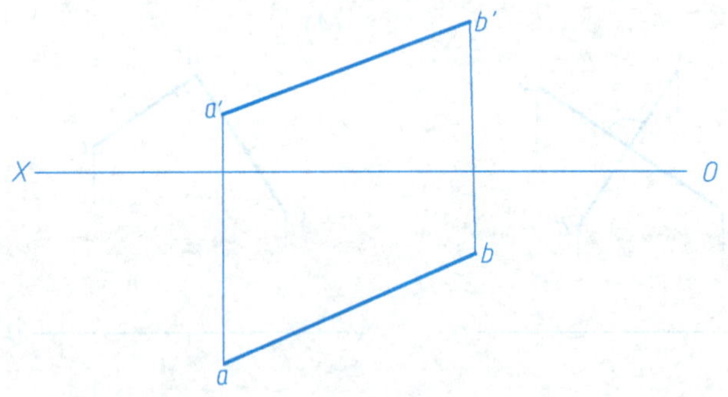

2. 已知直线 *AB* 的实长为 45mm，补全其正面投影（作一解）。

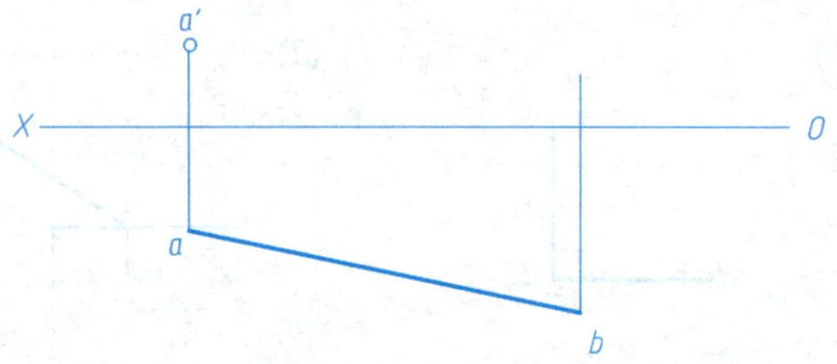

3. 求点 *C* 到直线 *AB* 的垂线 *CK* 的投影，*K* 为垂足。

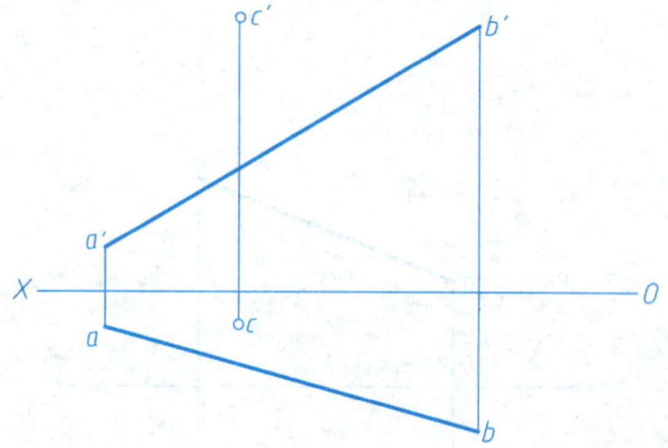

4. 求点 *A* 到△*BCD* 的距离，并作出垂足 *K* 的投影。

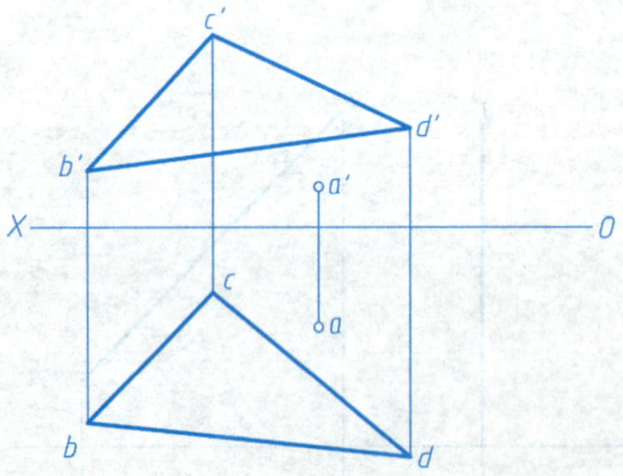

5. 求两平行直线 *AB*、*CD* 之间的距离。

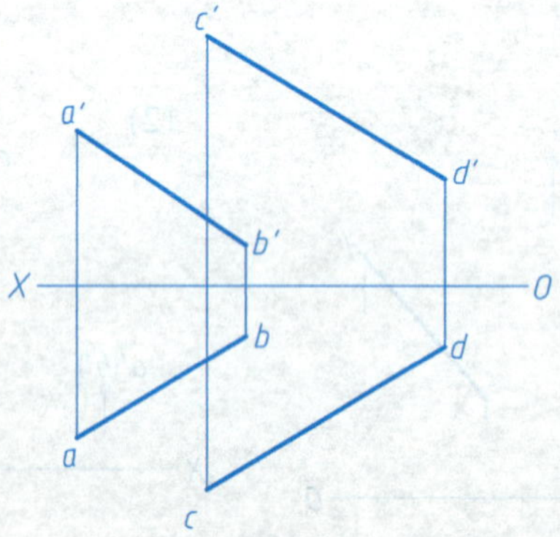

6. 求平面图形的实形。

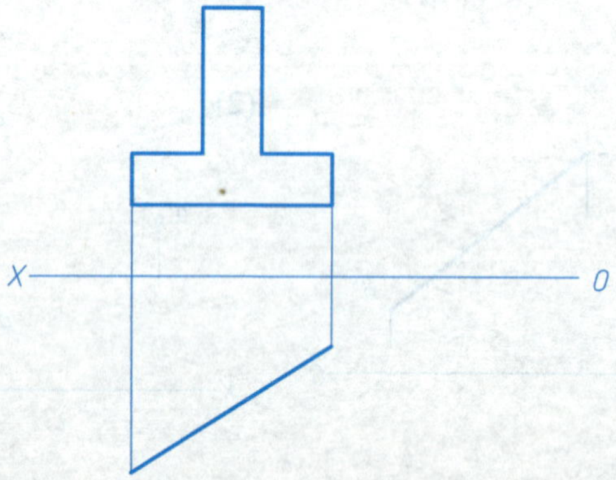

班级		学号		姓名		审阅		成绩	

第四章　基本立体视图

4-1　立体的投影　已知曲面立体表面上各点的一个投影，求另外两个投影	

1.

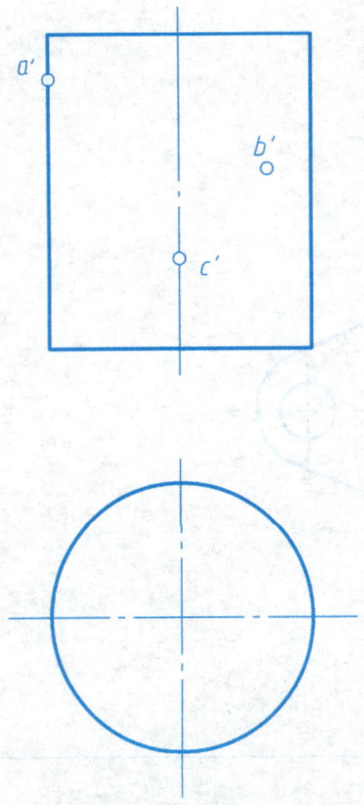

2.

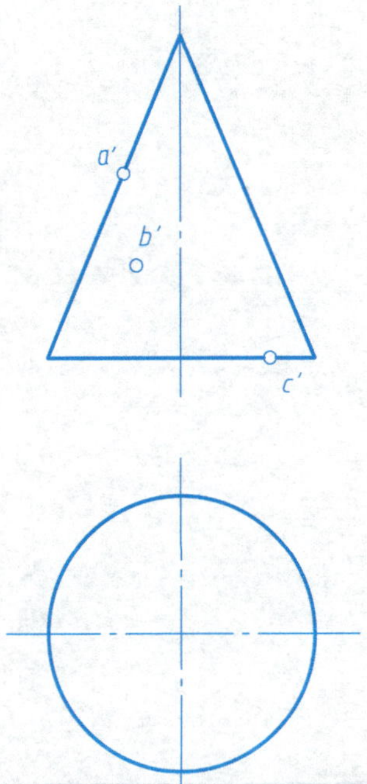

3.

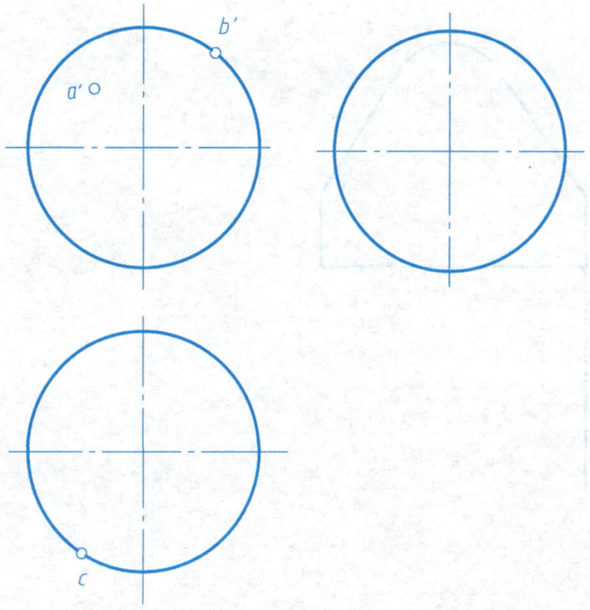

4-2　画多边形拉伸体（棱柱体）的三视图

1. 已知基图和一条拉伸线的一个投影，求 V 面拉伸体三视图。

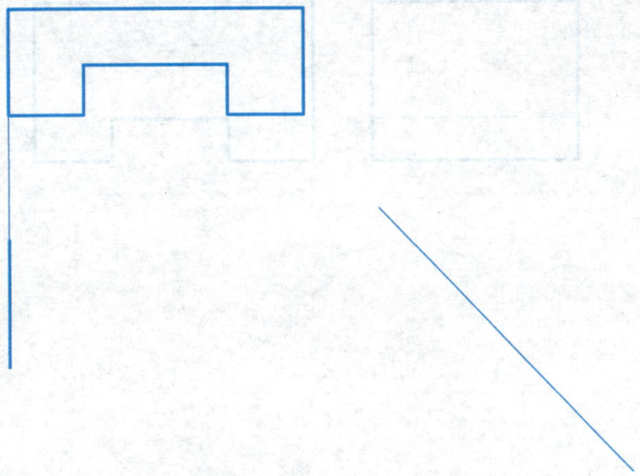

2. 已知基图和一条拉伸线的一个投影，求 W 面拉伸体三视图。

3. 已知拉伸体的两视图，求第三视图。

	班级		学号		姓名		审阅		成绩	

4-3 组合线基图拉伸体

1. 已知基图和一条拉伸线 *a* 的投影，试绘出 *V* 面拉伸体三视图。

2. 已知基图和一条拉伸线 *a* 的投影，试绘出 *V* 面拉伸体三视图。

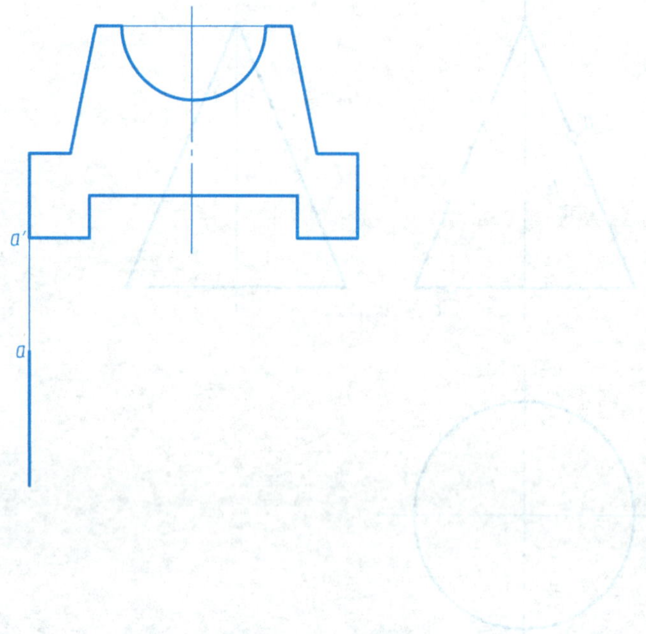

3. 已知基图和一条拉伸线 *a*′的投影，试绘出 *H* 面拉伸体三视图。

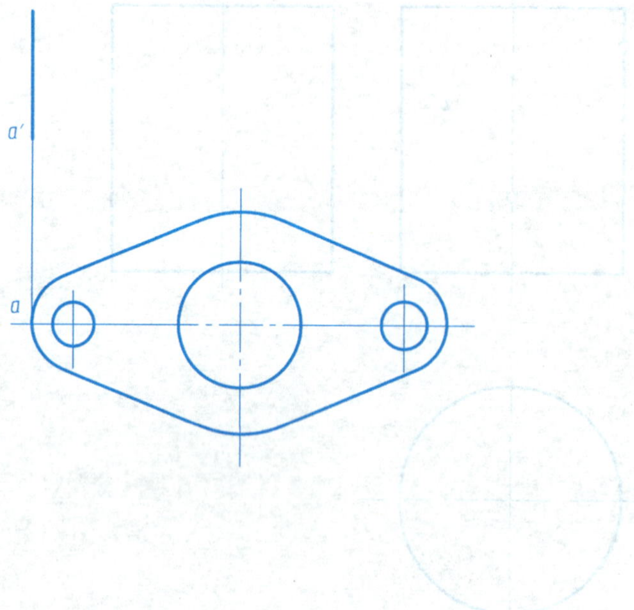

4. 已知基图和一条拉伸线 *a* 的投影，试绘出 *V* 面拉伸体三视图。

5. 已知拉伸体的两视图，求第三视图。

(1)

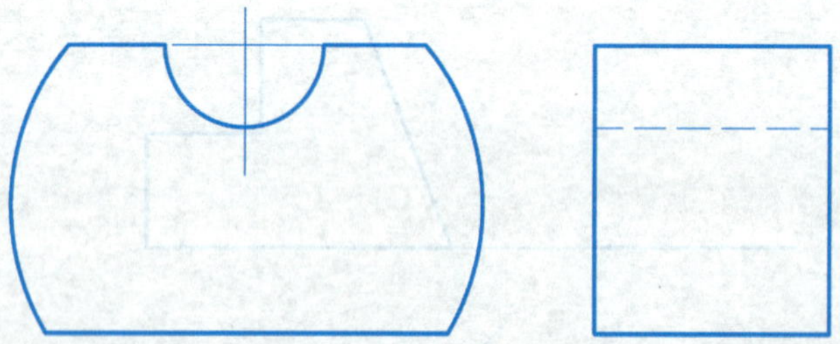

(2)

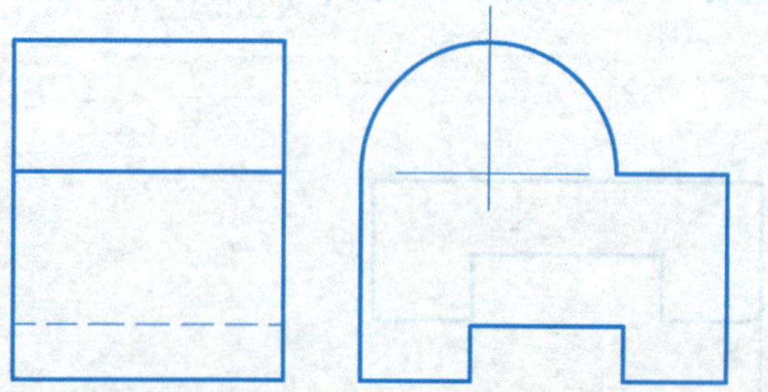

班级		学号		姓名		审阅		成绩	

1. 已知球头手柄的基图和回转轴线，求手柄的三视图。

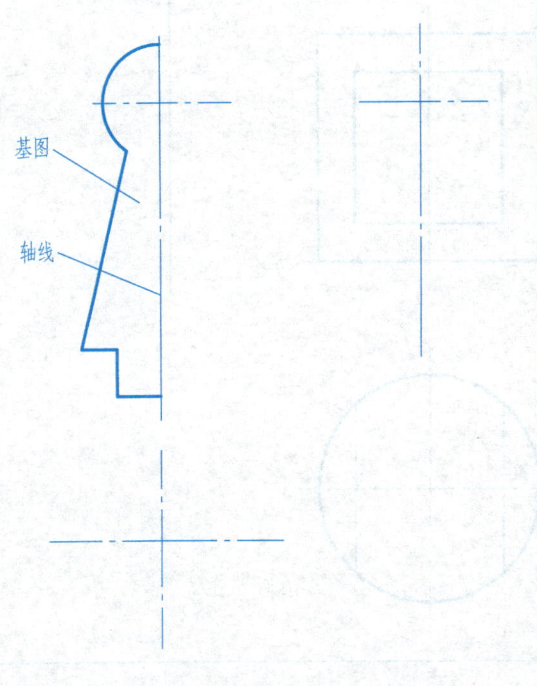

2. 已知螺钉毛坯的基图和回转轴线，求毛坯的三视图。

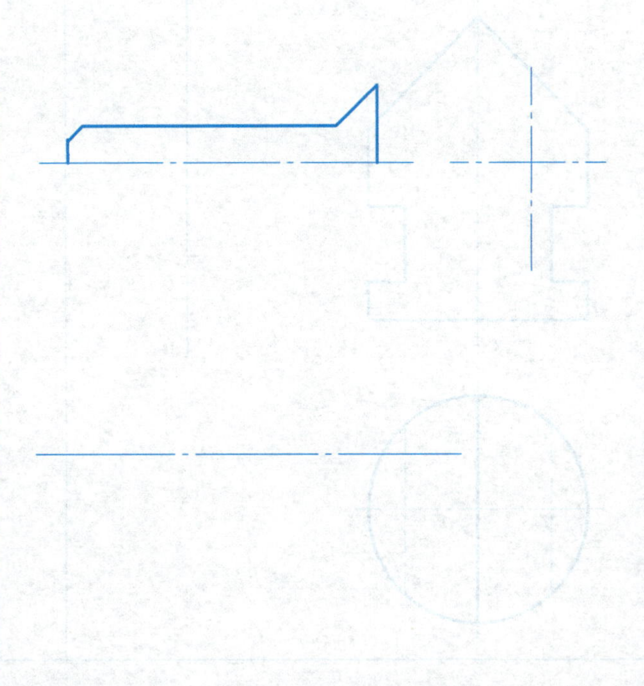

3. 已知带轮的基图和回转轴线，试画出带轮的非圆视图。

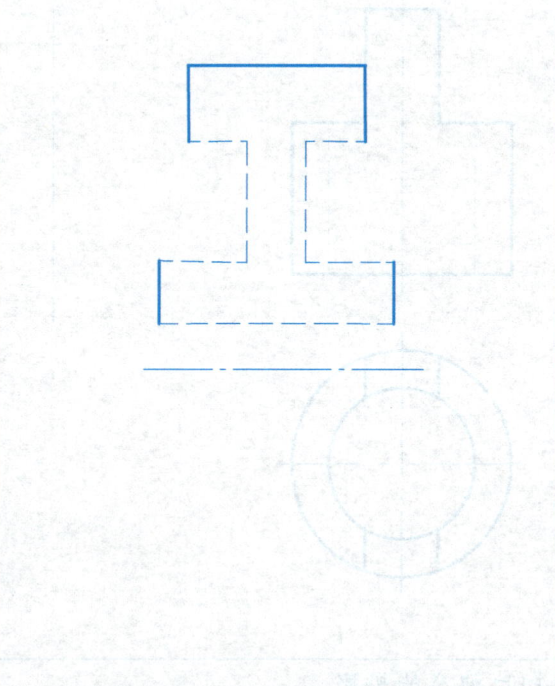

4. 已知轴套的基图和回转轴线，试画出轴套的非圆视图。

5. 补全三棱锥被正垂面 P_V 截断后的三视图。

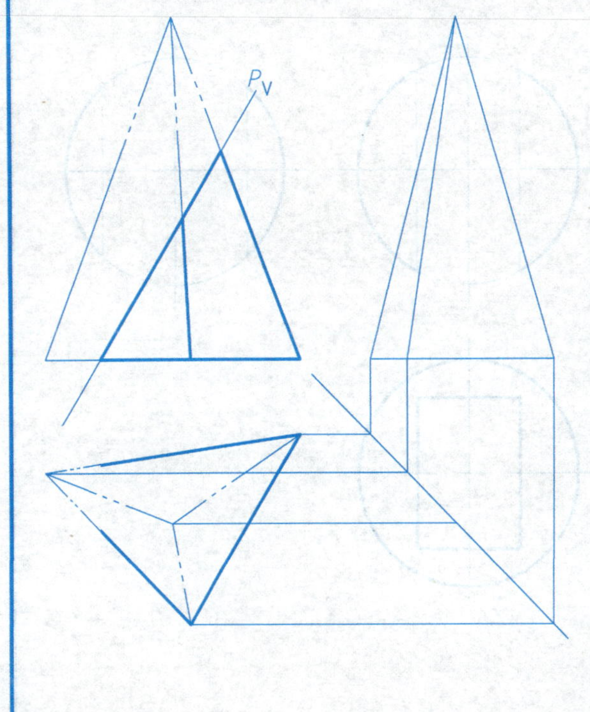

6. 补全六棱锥被正垂面 P_V 截断后的三视图。

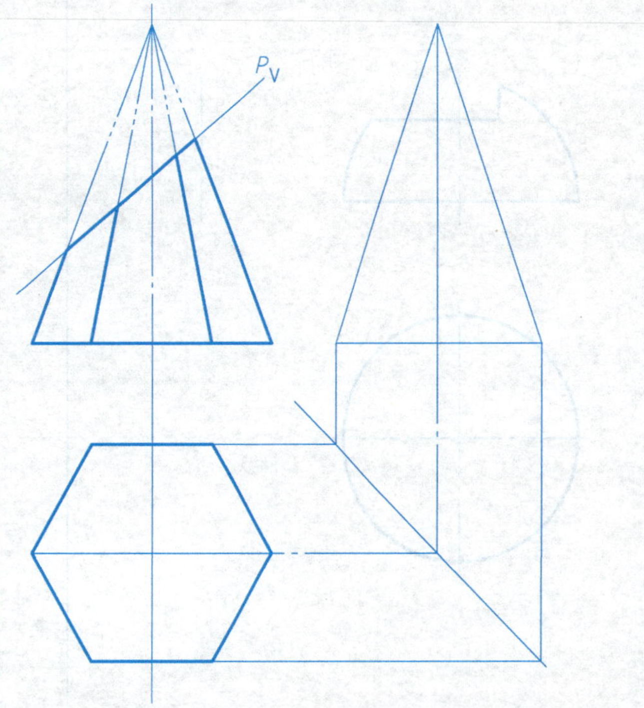

7. 求此被正垂面斜切后的棱柱的俯视图。

8. 补画五棱柱被侧平面和正垂面截切后的左视图。

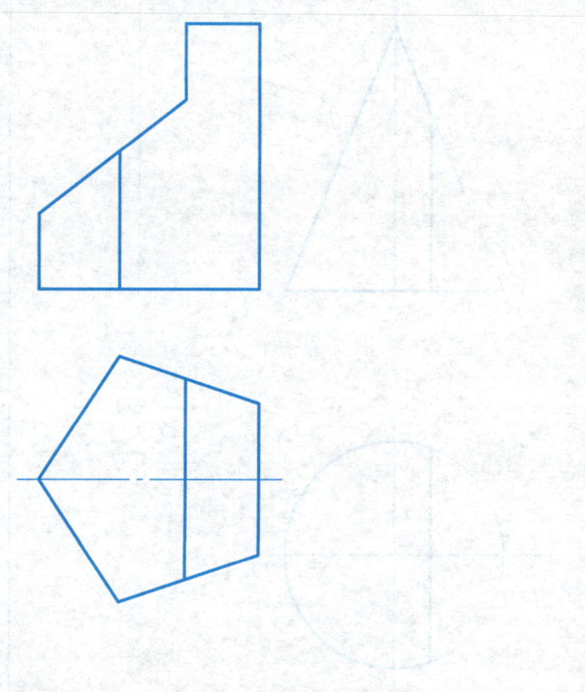

	班级		学号		姓名		审阅		成绩	

4-5 截切圆柱体第三视图

1.

2.

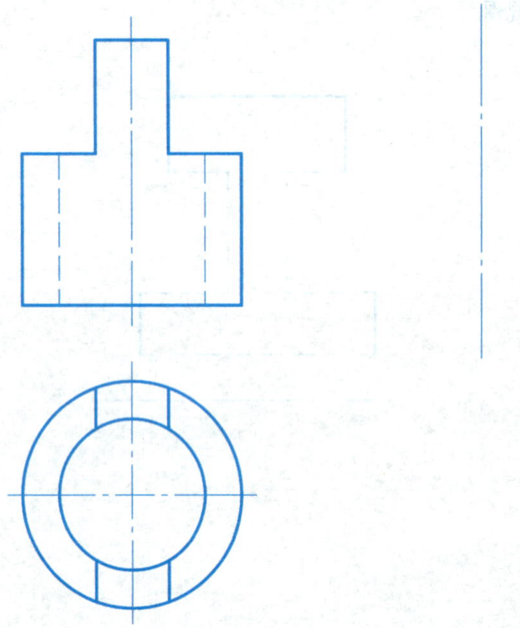

3.

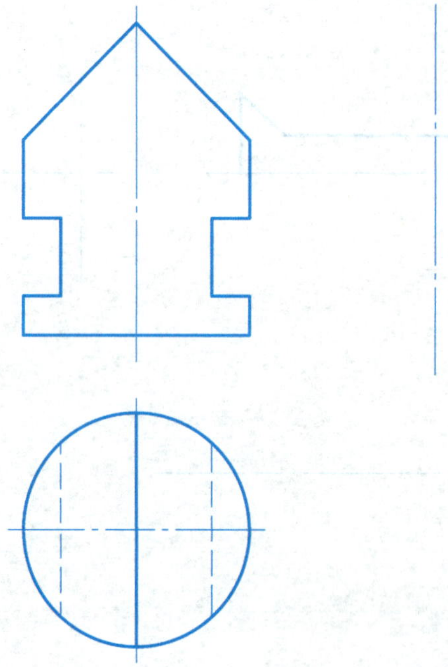

4.

4-6 回转体 画回转体的左视图，并补全切口部分的投影

1.

2.

3.

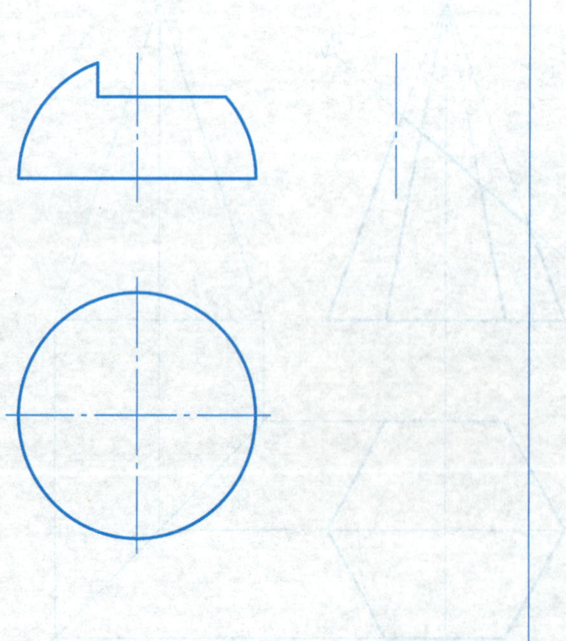

4.

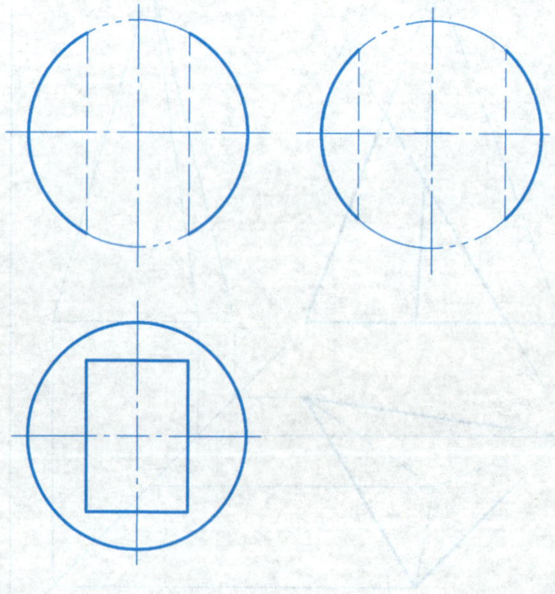

	班级		学号		姓名		审阅		成绩	

1.

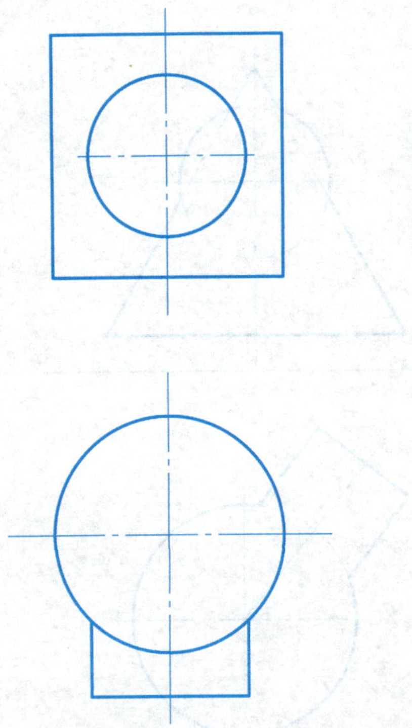

2.

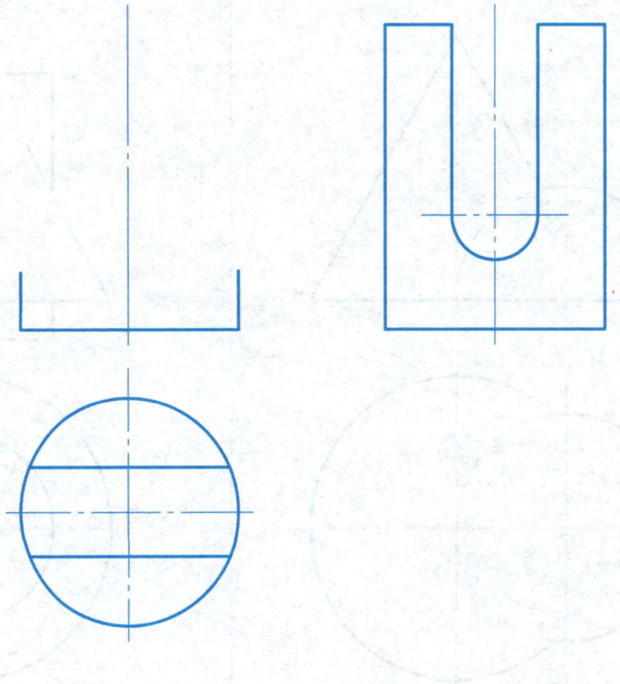

3.

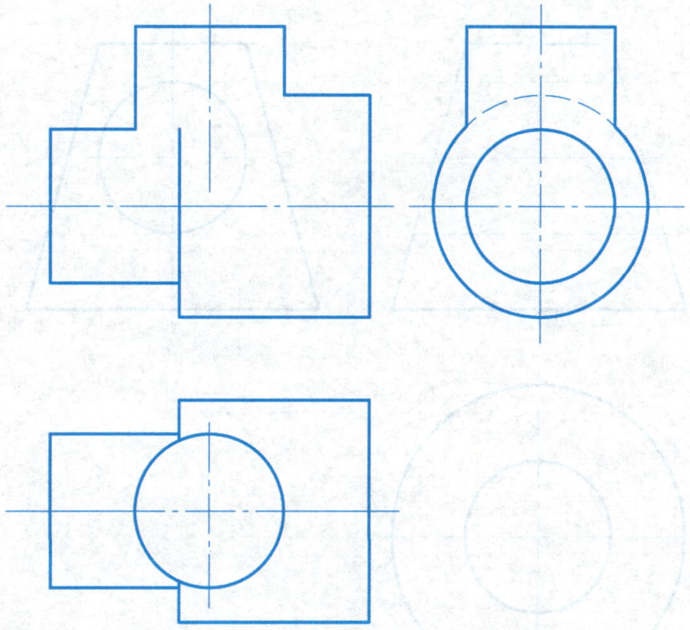

4.

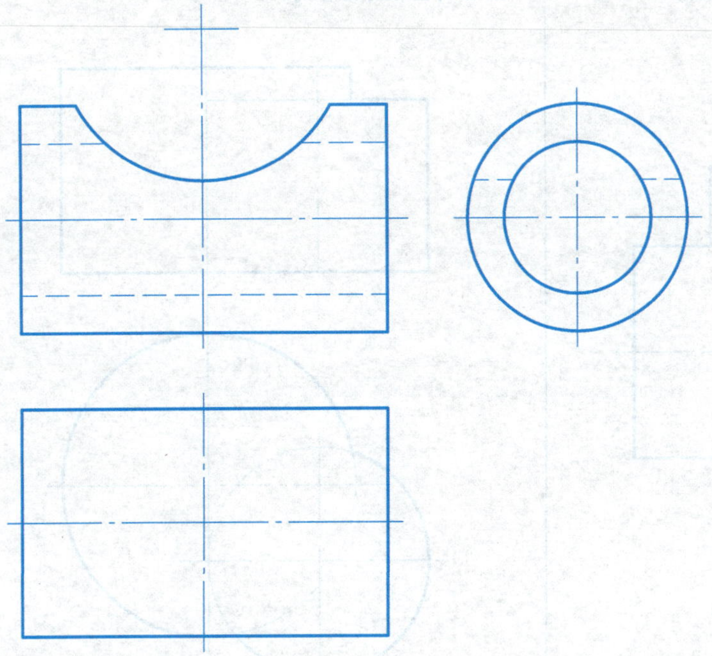

5.

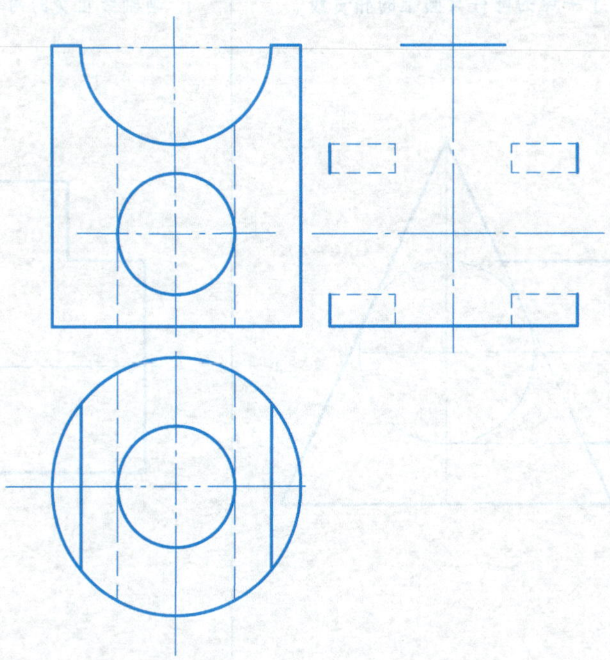

6.

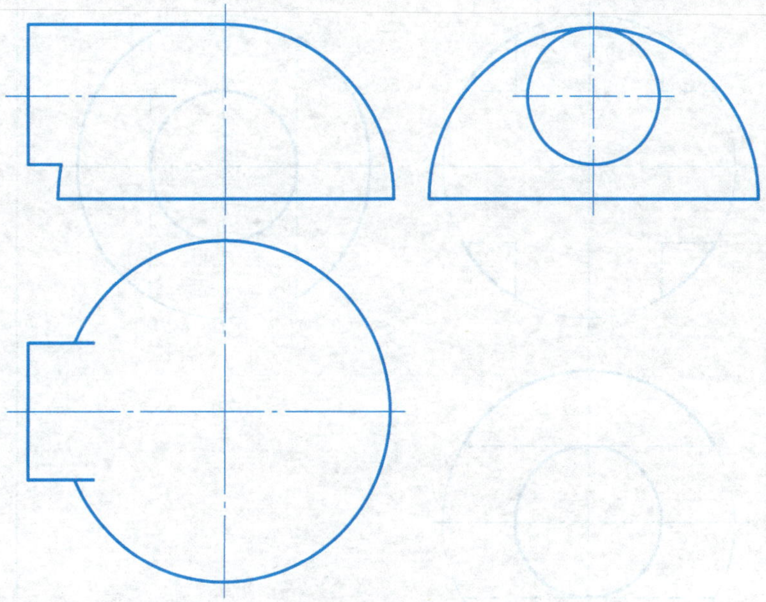

		班级		学号		姓名		审阅		成绩

续4-7　画物体相贯线的投影

1. 完成相贯线的正面投影和水平投影。

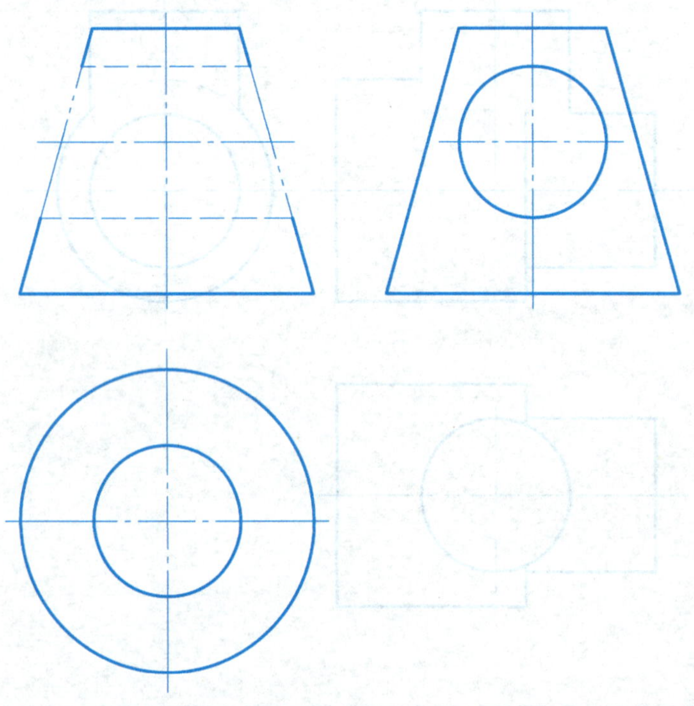

2. 求半球与圆锥的相贯线。

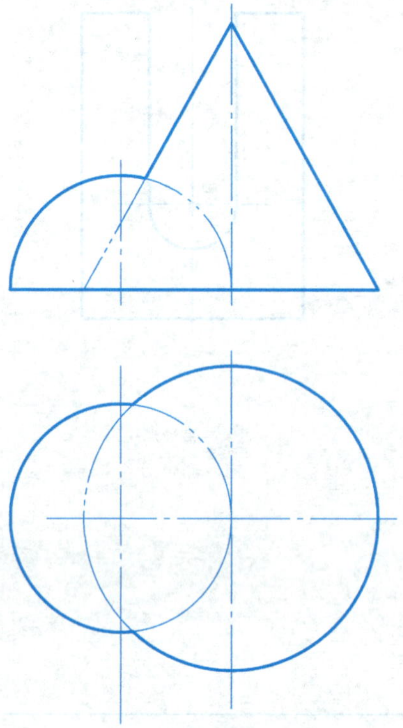

3. 求圆柱与圆锥的相贯线。

4. 画两同轴回转体的相贯线。

(1)

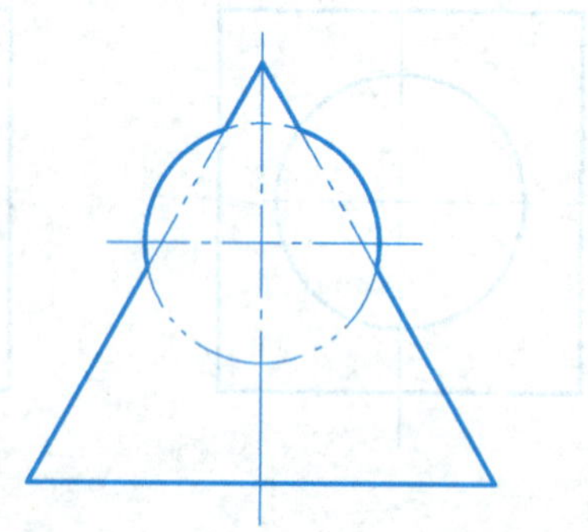

(2)

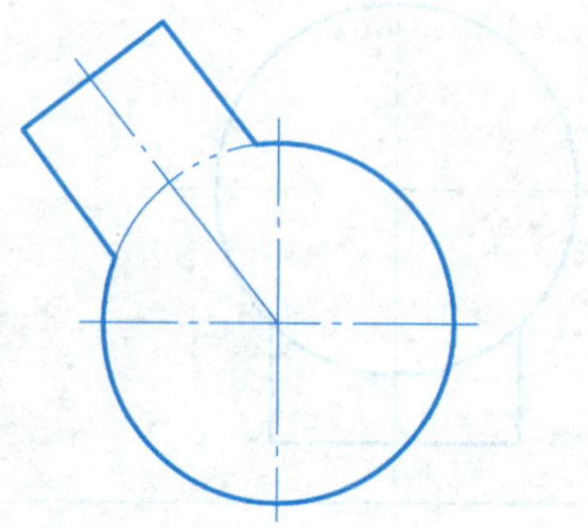

5. 试求圆球与两个圆柱孔的相贯线。

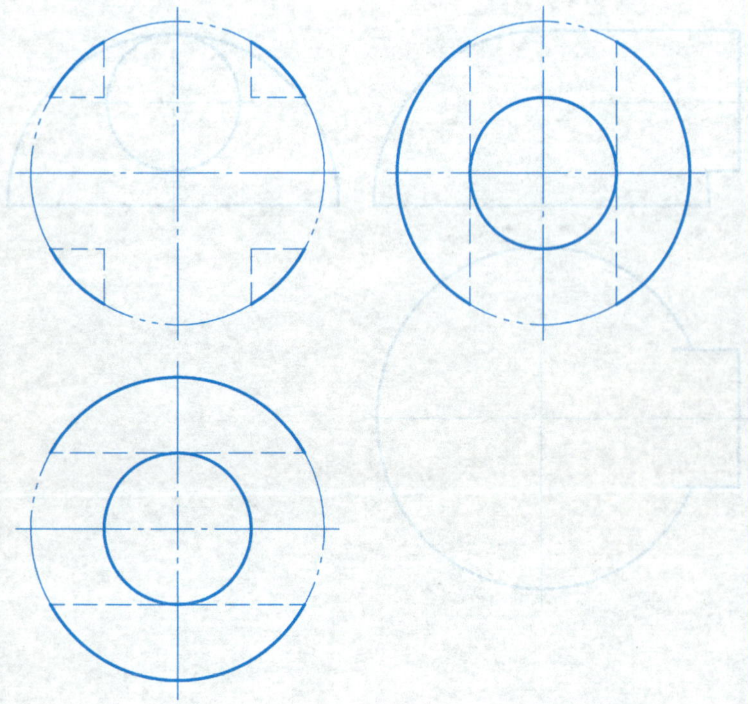

6. 画公切于一球的圆柱与圆锥的相贯线。

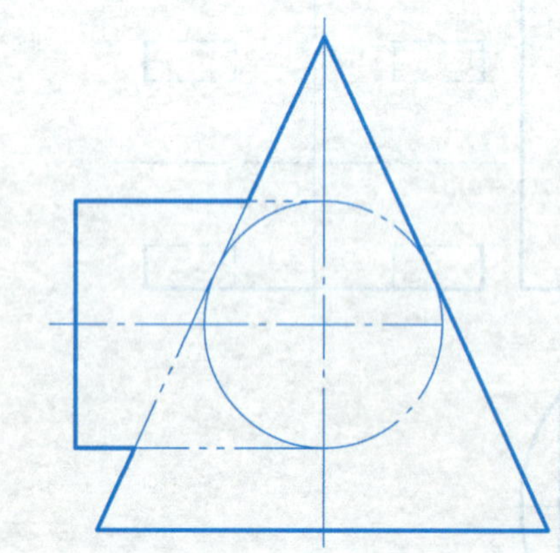

7. 画轴线正交的两等径圆柱相贯线。

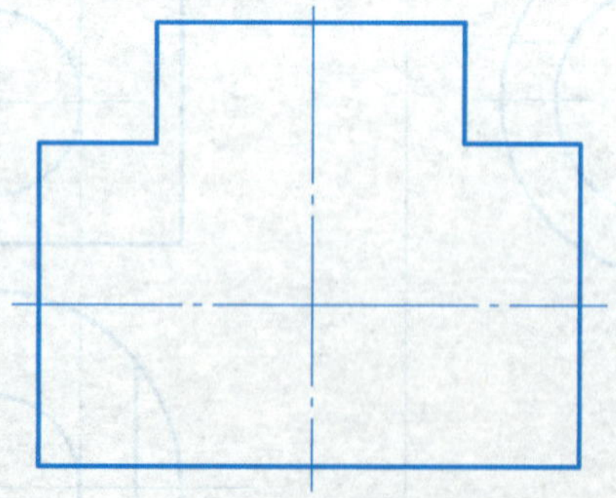

8. 画两圆柱的相贯线。

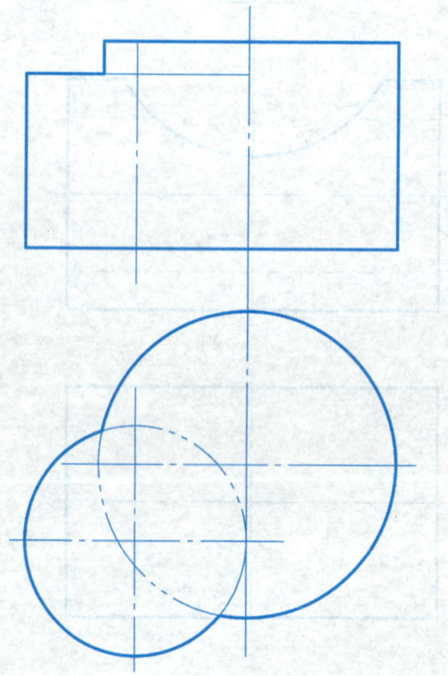

班级		学号		姓名		审阅		成绩	

5-1　根据组合体轴测图，徒手绘制及用计算机绘制物体的三视图

1.

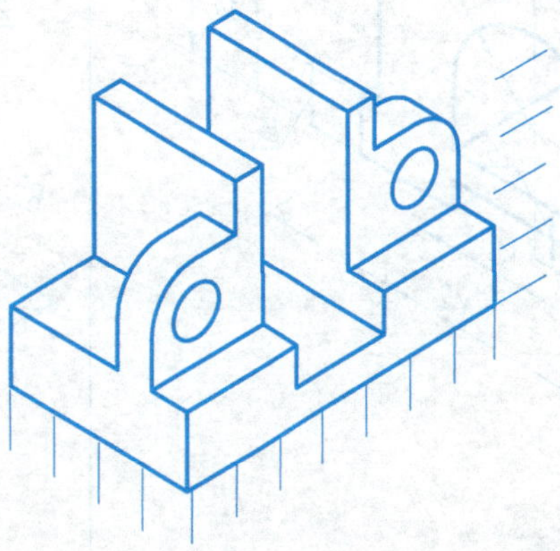

2.

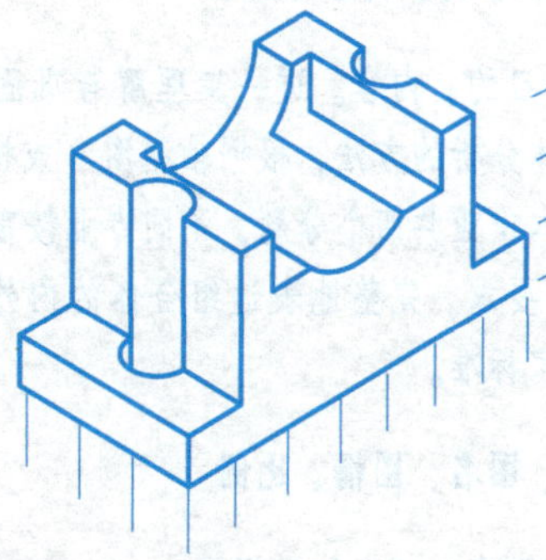

3.

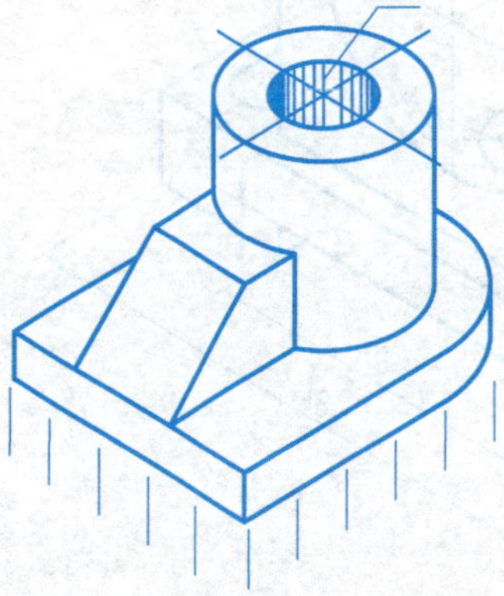

4.

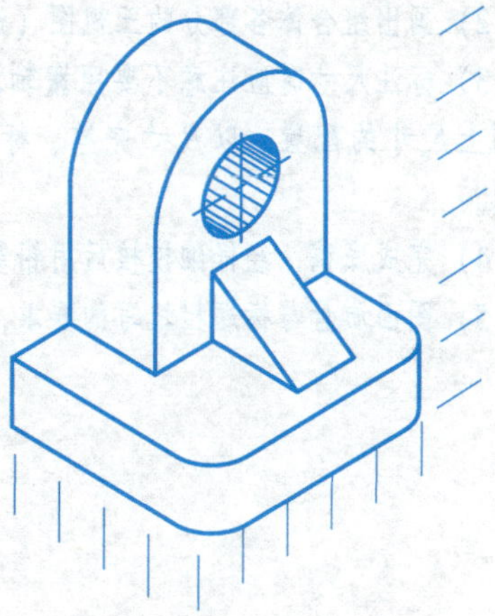

	班级		学号		姓名		审阅		成绩	

5-2 根据轴测图在 A3 图纸上用 2∶1 的比例画出组合体三视图，并标注尺寸

组合体作业指导

一、目的、内容与要求

1）目的、内容。进一步理解与巩固“物”与“图”之间的对应关系，运用形体分析的方法，根据轴测图（或模型）绘制组合体的三视图，并标注尺寸。本作业共四个分题，不同专业按需要完成其中 1～2 个分题。

2）要求。完整地表达组合体的内外形状。标注尺寸要完整、清晰，并符合国家标准。

二、图名、图幅、比例

1）图名。组合体三视图。

2）图幅。A3 图纸。

3）比例：2∶1。

三、绘图步骤与注意事项

1）对所绘组合体进行形体分析，选择主视图，按轴测图所注尺寸（或模型实际大小）布置三个视图位置（注意视图之间预留标注尺寸的位置），画出各视图的中心轴线和底面（顶面）位置线。

2）画出组合体各部分的三视图（注意表面相切或相贯时的画法）

3）标注尺寸时应注意不要照搬轴测图上的尺寸标注方法，应重新考虑视图上尺寸的配置。以尺寸完整、标注方法符合国家标准、配置适当为原则。

4）完成底稿，经仔细校核后用铅笔加深。

5）图面质量与标题栏填写的要求，同一般制图作业。

1.

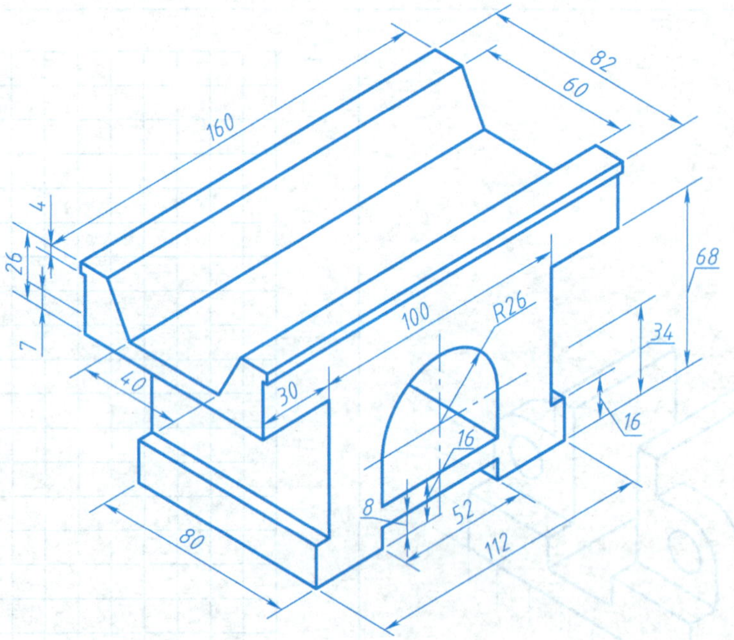

2.

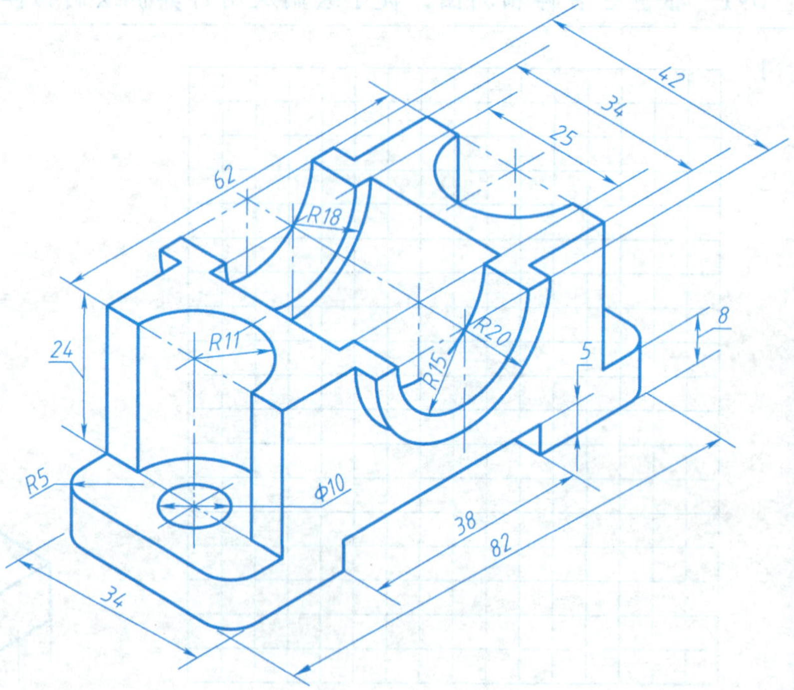

3.

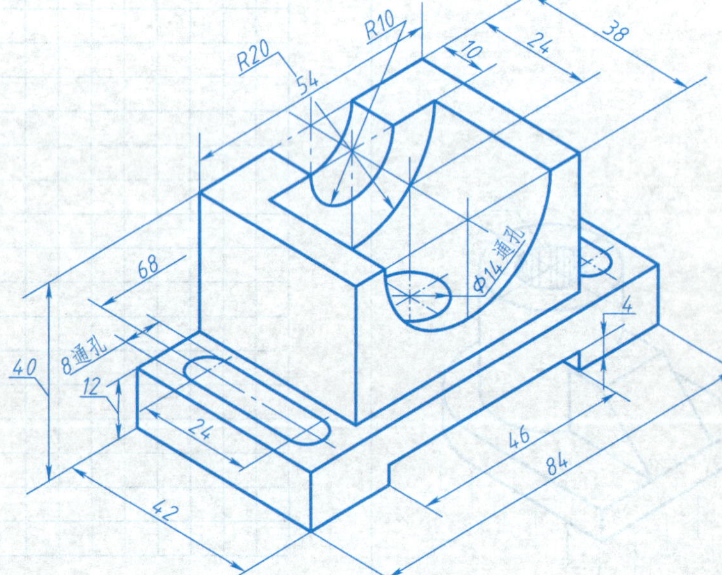

4.

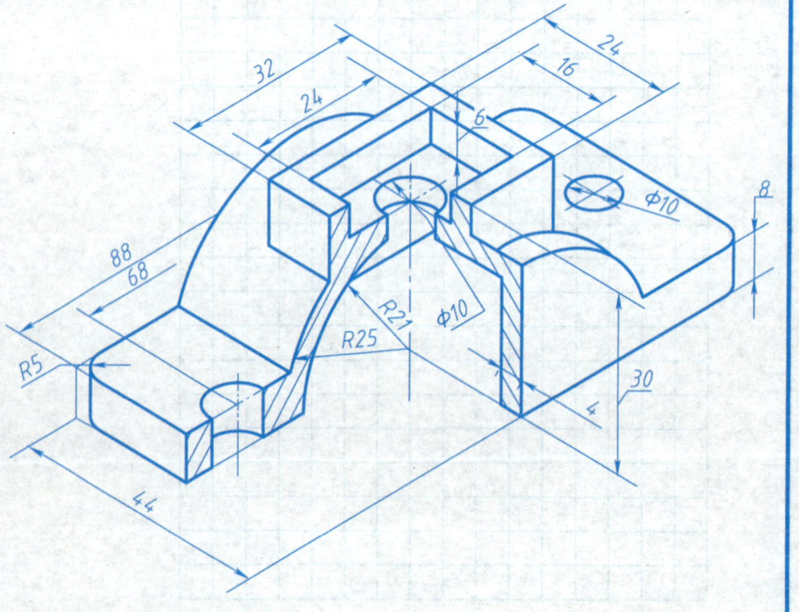

	班级		学号		姓名		审阅		成绩	

5-3 求两拉伸体叠加后的三视图（注意：表面平齐不画线，相切不画线）

1. 已知基图A、B和拉伸线a''、b''，求拉伸体叠加后的三视图。

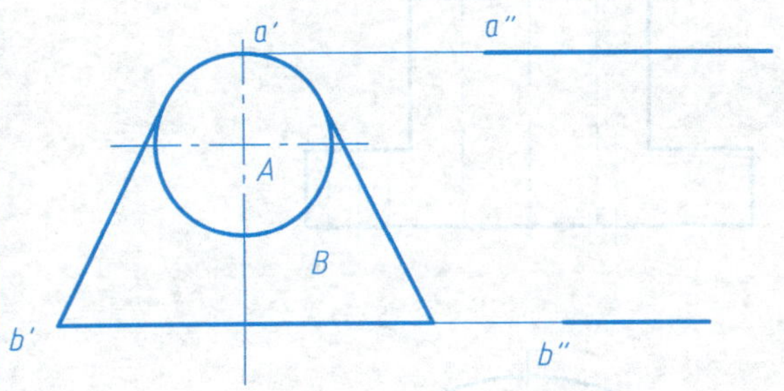

2. 已知基图A、B和拉伸线a、b，求拉伸体叠加后的三视图。

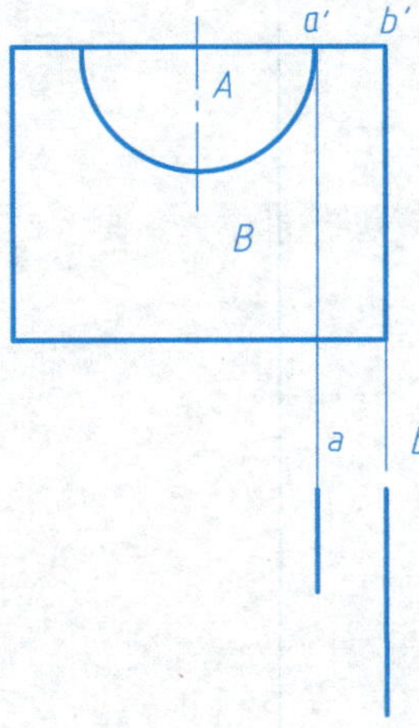

3. 已知基图A、B和拉伸线a、b，求拉伸体叠加后的三视图。

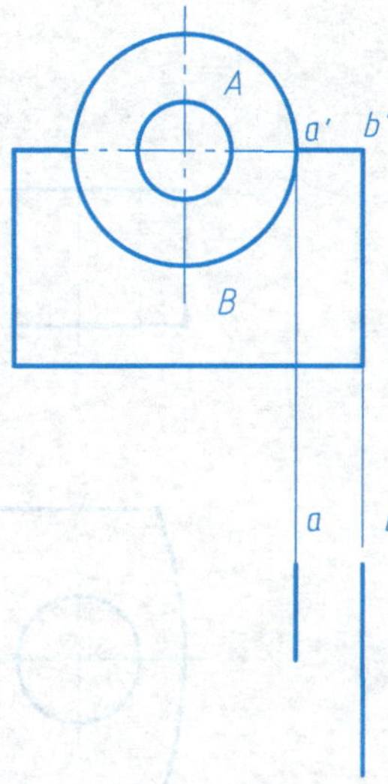

4. 已知基图A、B和拉伸线a''、b''，求拉伸体叠加后的三视图。

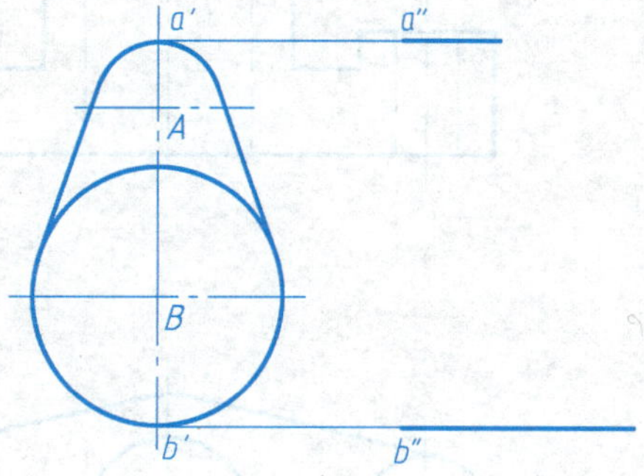

5. 已知基图A、B和拉伸线a''、b''，求拉伸体相加后的三视图。

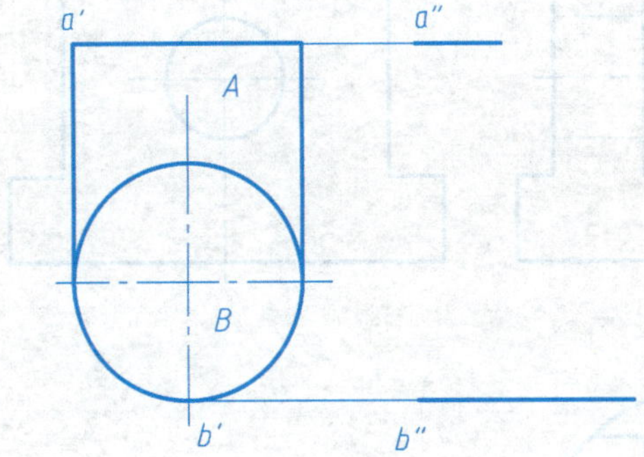

6. 已知基图A、B和拉伸线a''、b''，求拉伸体相加后的三视图。

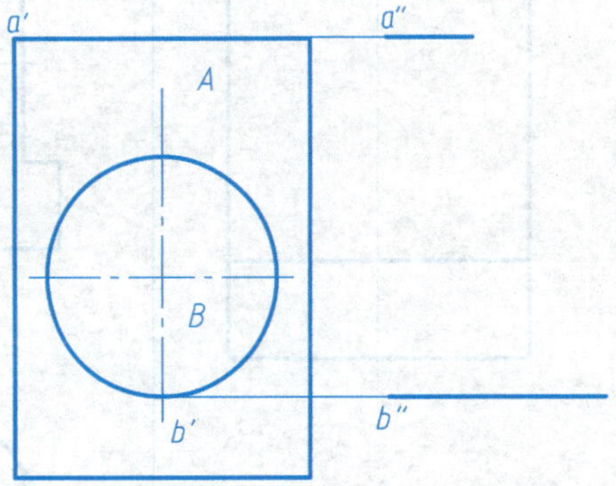

7. 已知基图A、B和拉伸线a、b，求拉伸体相加后的三视图。

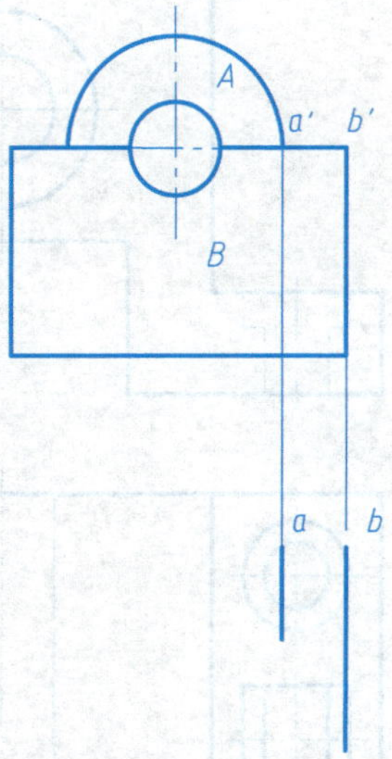

8. 已知基图A、B和拉伸线a''、b''，求拉伸体相加后的三视图。

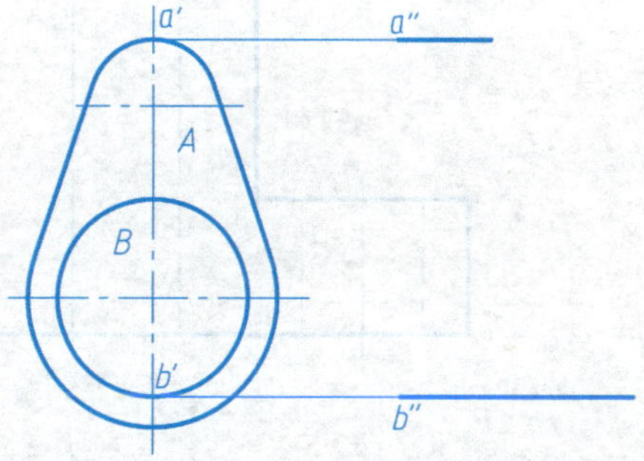

	班级		学号		姓名		审阅		成绩	

5-4 补全下列视图中所缺的图线（1~3题标注尺寸，尺寸数字从图中量取）

1.

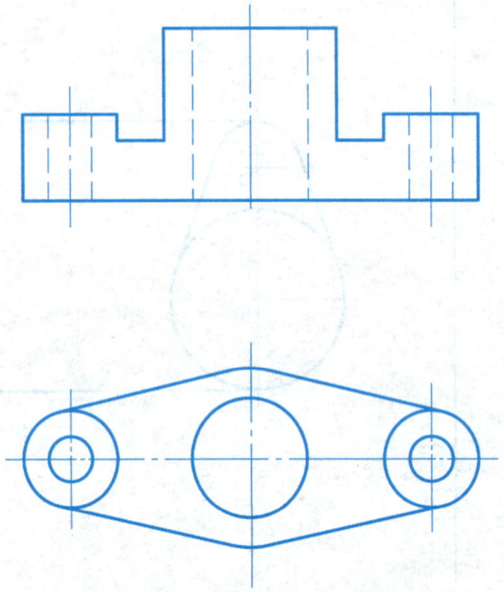

2.

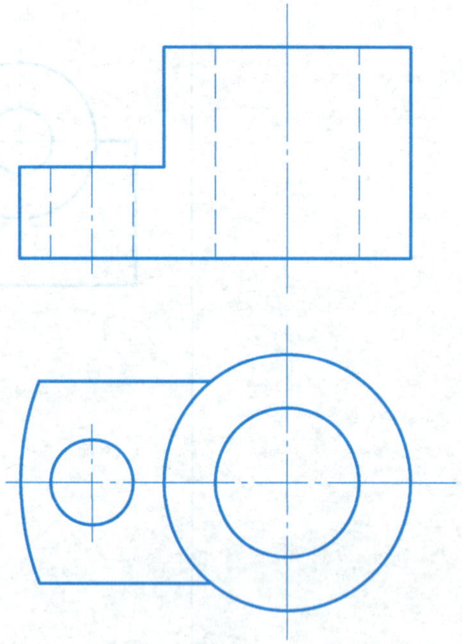

3.

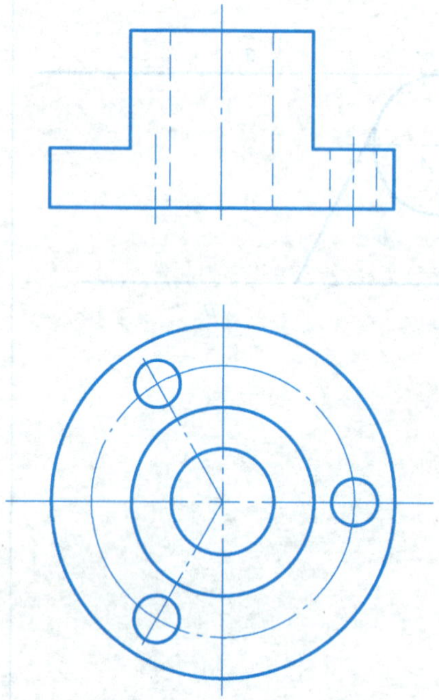

4.

5.

6.

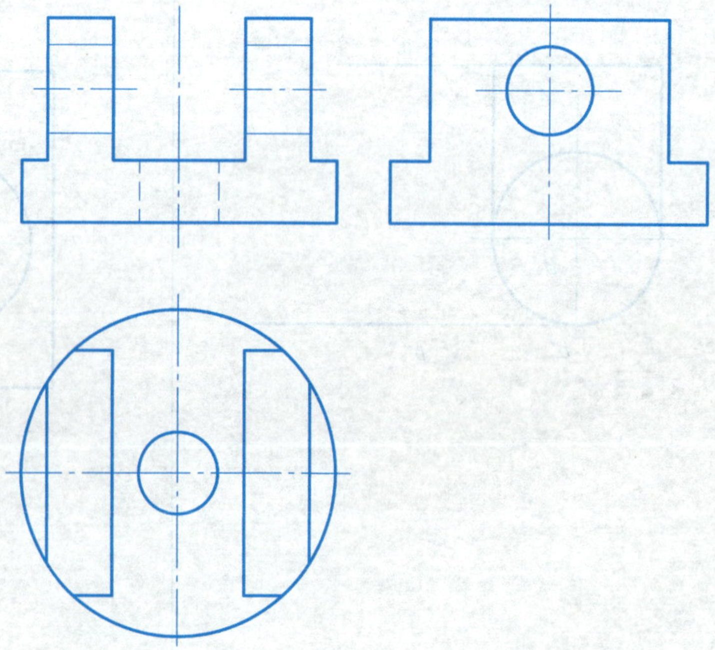

班级		学号		姓名		审阅		成绩	

1.

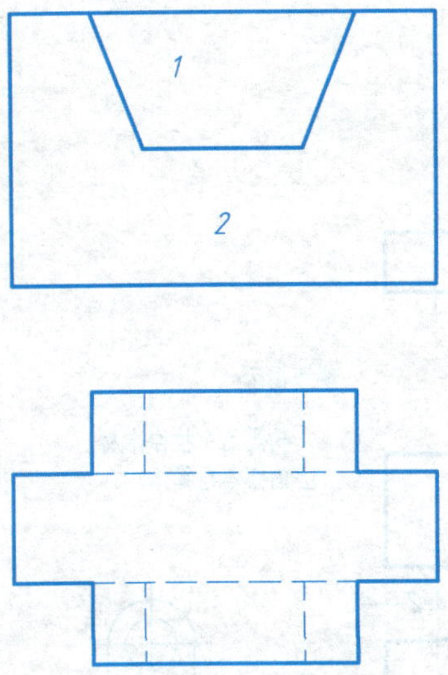

解题提示:

在俯视图中找出基图1、2的拉伸厚度，构思出两拉伸体相加。

基图:

2.

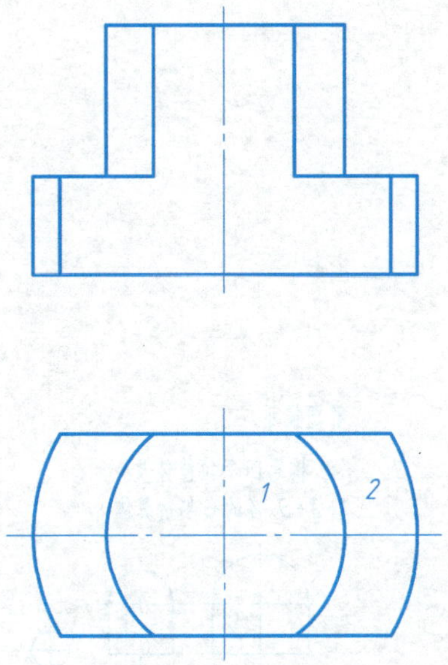

解题提示:

在主视图中找出基图1、2的拉伸厚度，构思出两拉伸体相加。

基图:

3.

解题提示:

在主视图中找出基图1、2、3的拉伸厚度，构思出三个拉伸体相加。

基图:

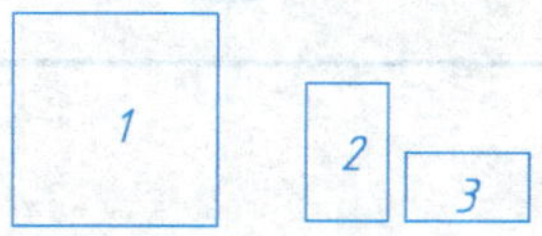

4.

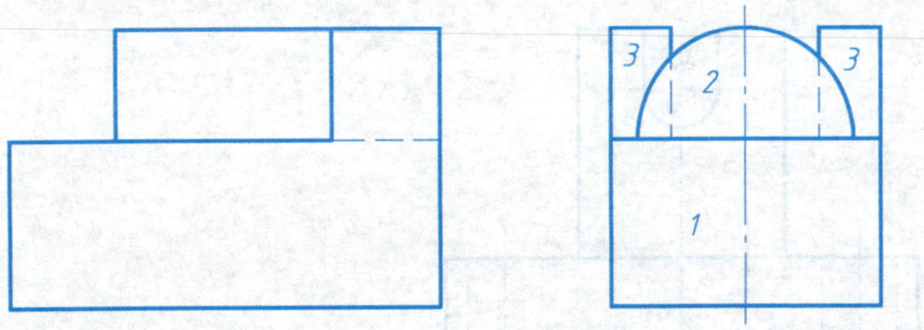

解题提示:

在主视图中找出基图1、2、3的拉伸厚度，构思出三个拉伸体相加。

基图:

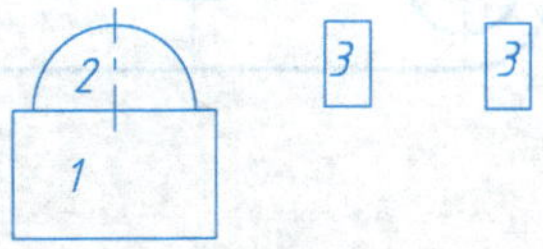

5.

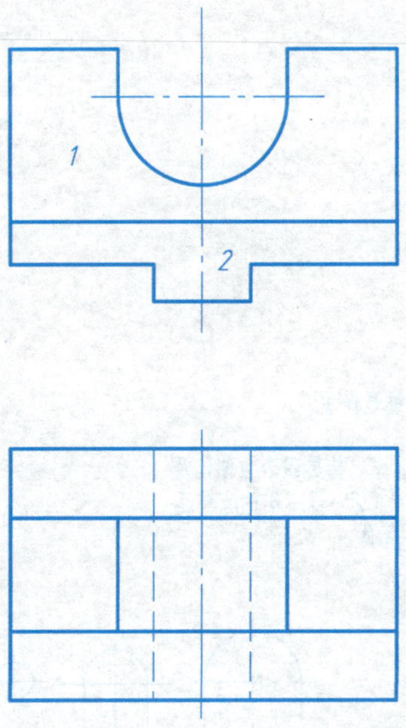

解题提示:

在俯视图中找出基图1、2的拉伸厚度，构思出两拉伸体相加。

基图:

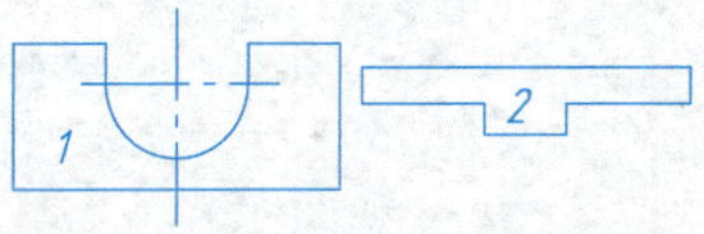

6.

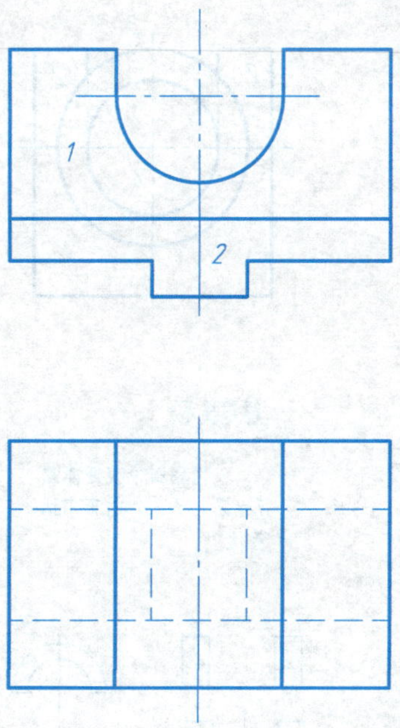

解题提示:

在俯视图中找出基图1、2的拉伸厚度，构思出两拉伸体相加。

基图:

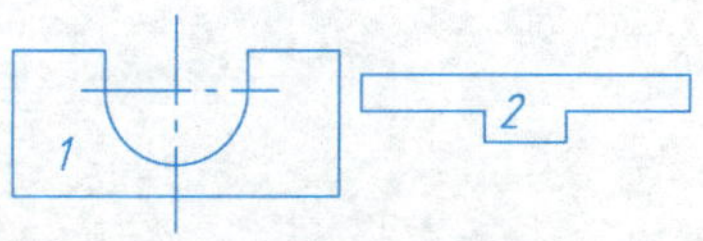

班级		学号		姓名		审阅		成绩	

1.

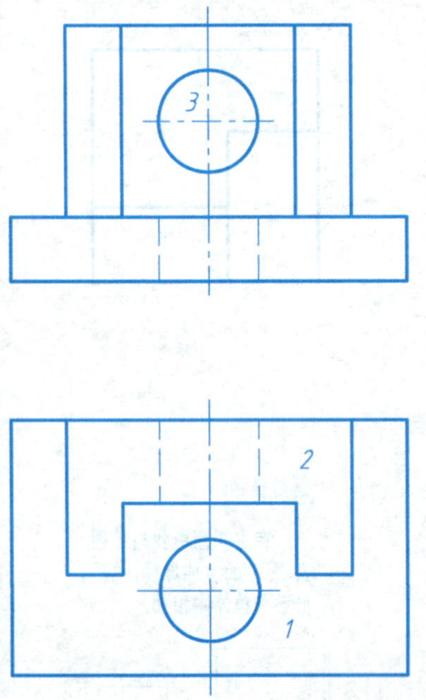

解题提示:

构思三个拉伸体及1+2-3的布尔运算体。

基图:

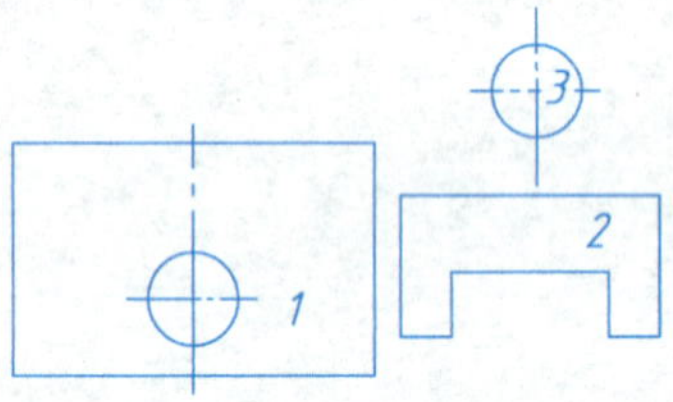

2.

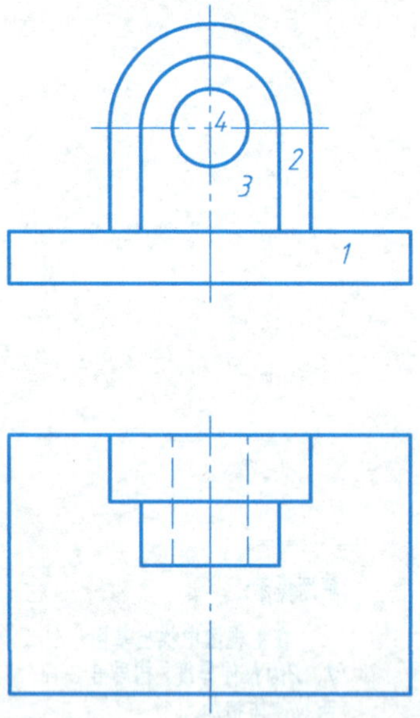

解题提示:

构思四个拉伸体及1+2+3-4的布尔运算体。

基图:

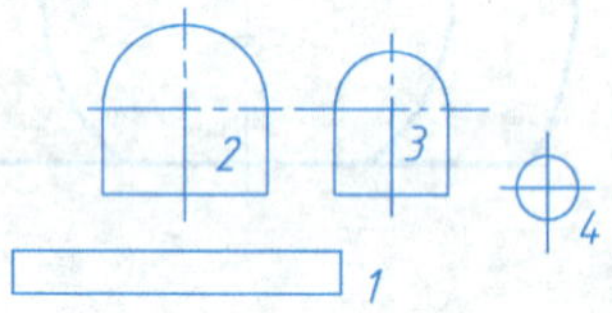

3.

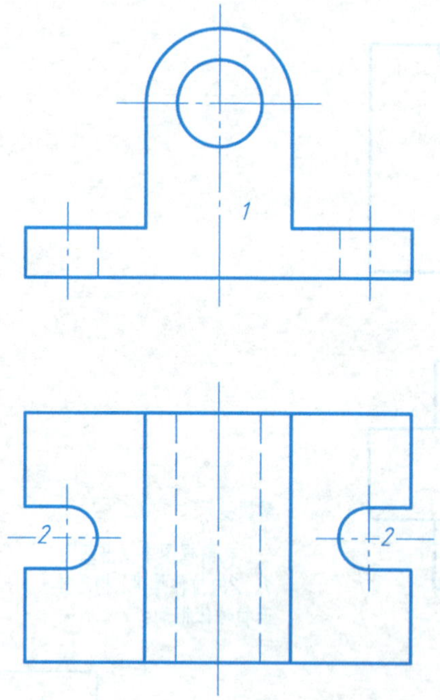

解题提示:

构思两个拉伸体及1-2的布尔运算体。

基图:

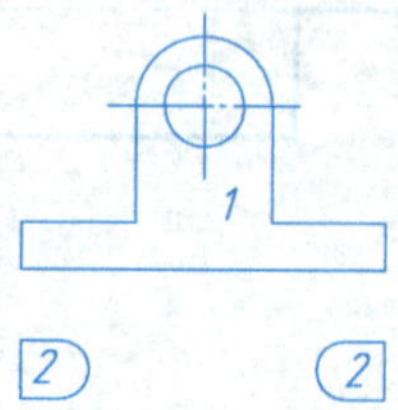

4.

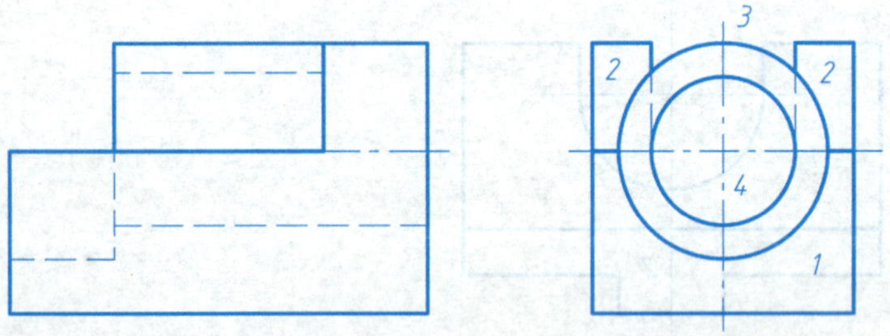

解题提示:

构思四个拉伸体及1+2+3-4的布尔运算体。

基图:

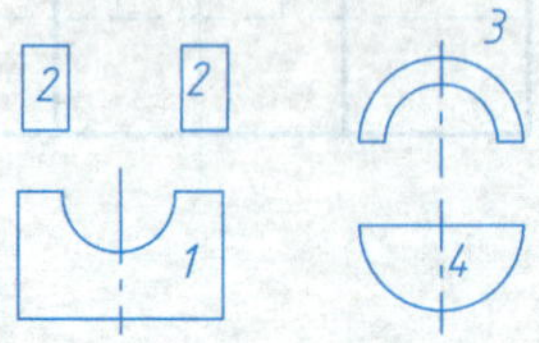

5.

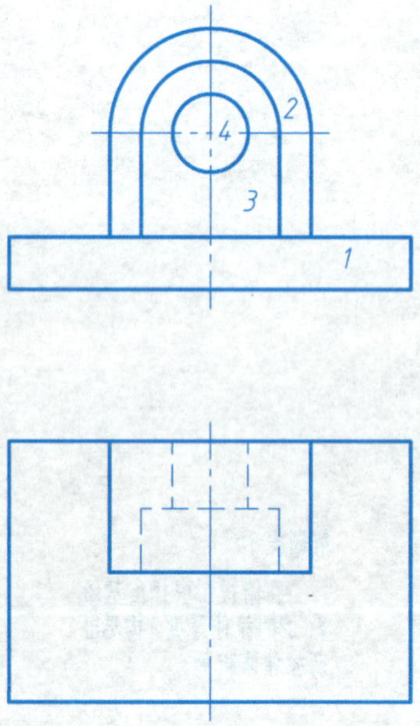

解题提示:

构思四个拉伸体及1+2-3-4的布尔运算体。

基图:

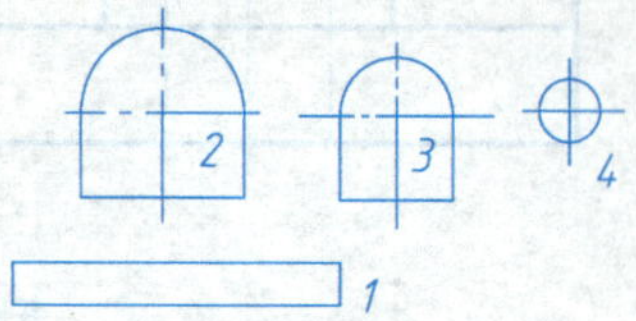

6.

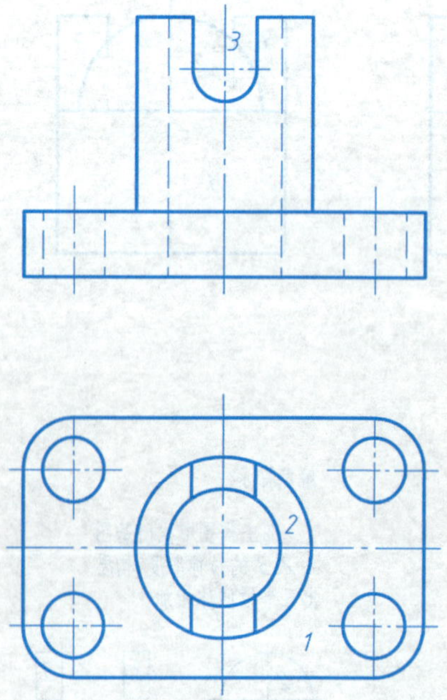

解题提示:

构思三个拉伸体及1+2-3的布尔运算体。

基图:

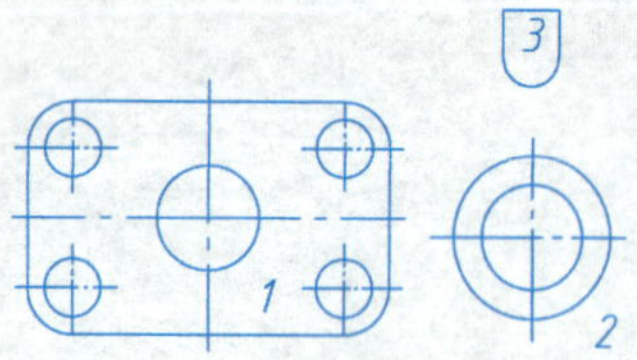

	班级		学号		姓名		审阅		成绩

续5-5 补画组合体的第三视图

1.

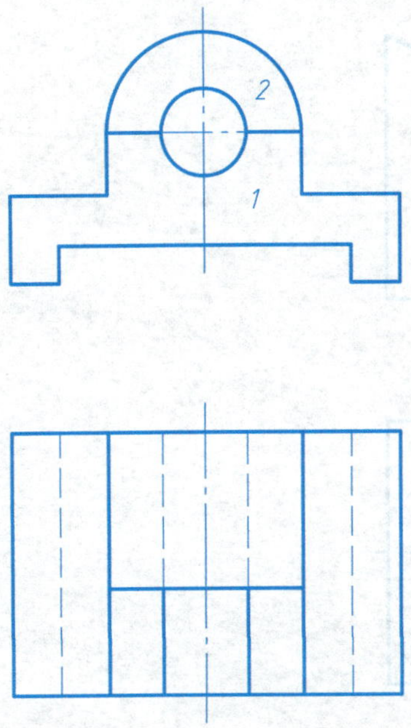

解题提示：

构思两个拉伸体及1+2的布尔运算体。

基图：

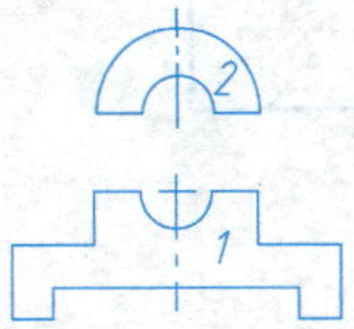

2.

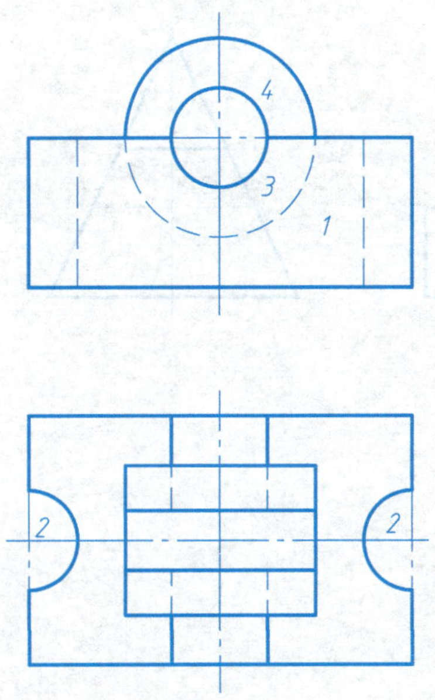

解题提示：

构思四个拉伸体及1－2－3＋4的布尔运算体。

基图：

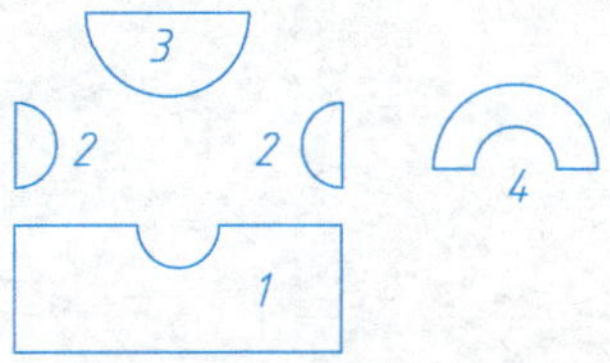

3.

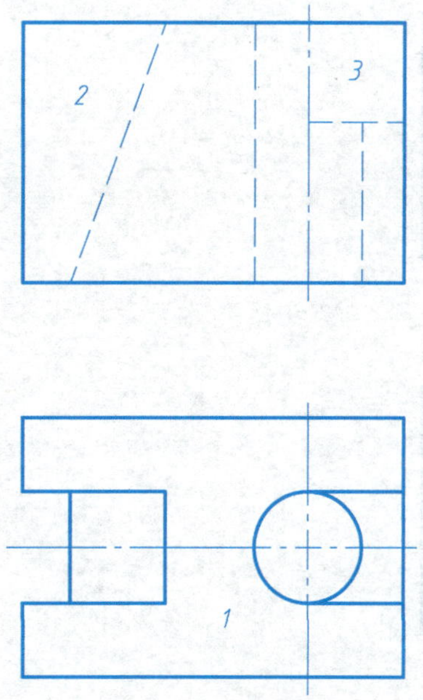

解题提示：

构思三个拉伸体及1－2－3的布尔运算体。

基图：

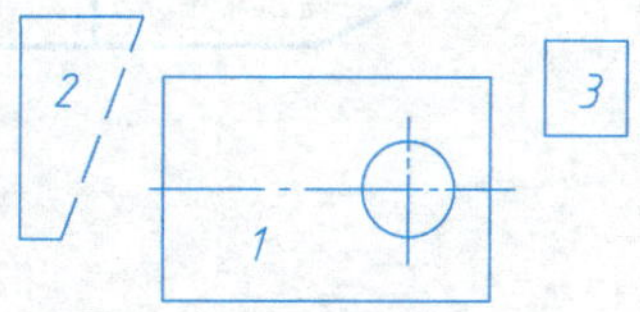

4.

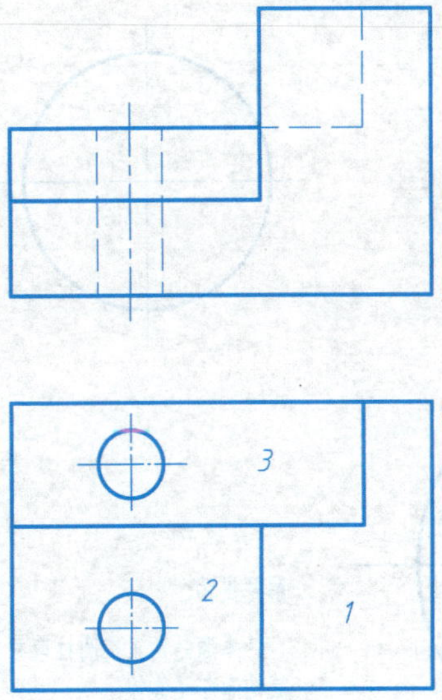

解题提示：

构思两个拉伸体及1＋2＋3的布尔运算体。

基图：

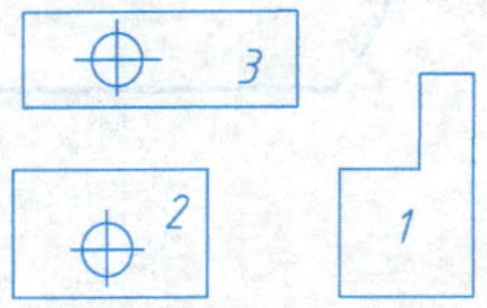

5.

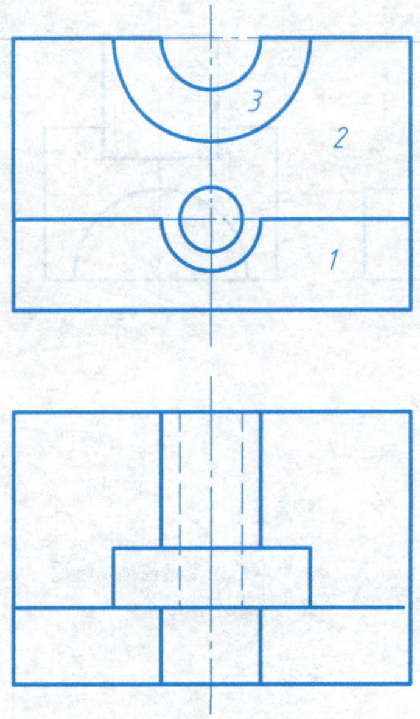

解题提示：

构思三个拉伸体及1＋2－3的布尔运算体。

基图：

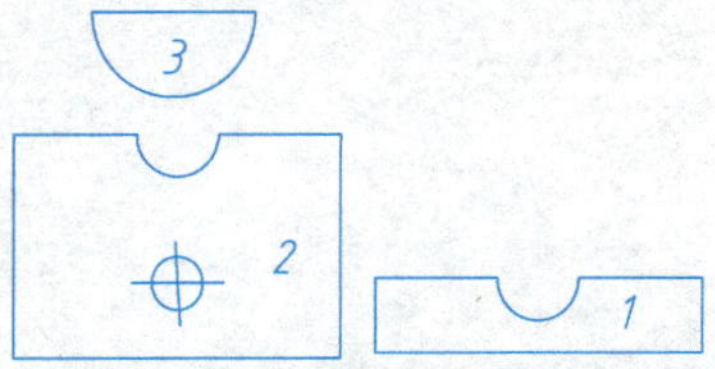

6.

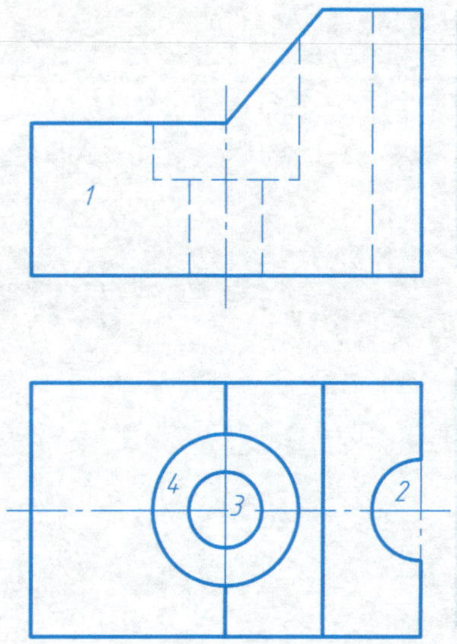

解题提示：

构思四个拉伸体及1－2－3－4的布尔运算体。

基图：

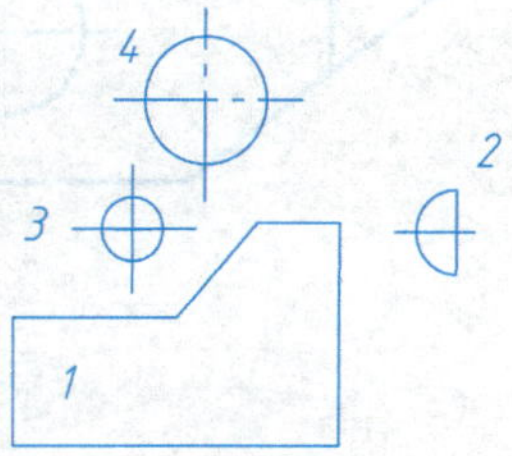

班级		学号		姓名		审阅		成绩	

续 5-5　补画组合体的第三视图

1.

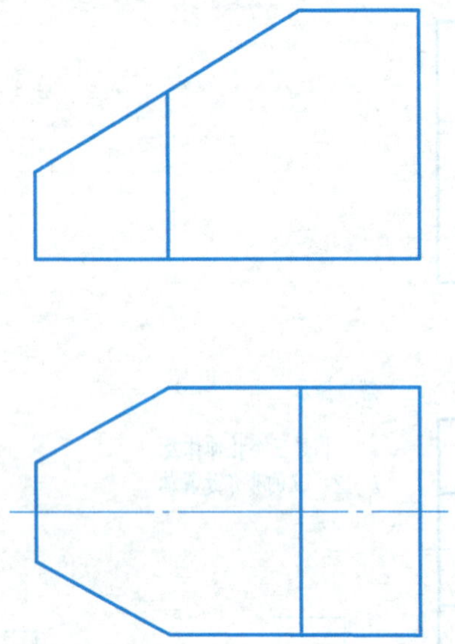

2.

3.

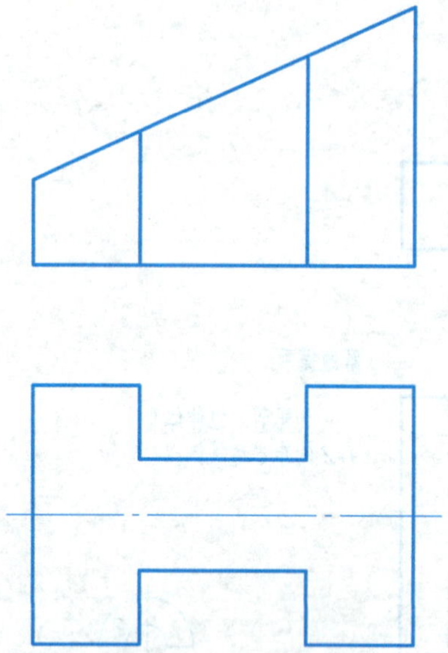

4.

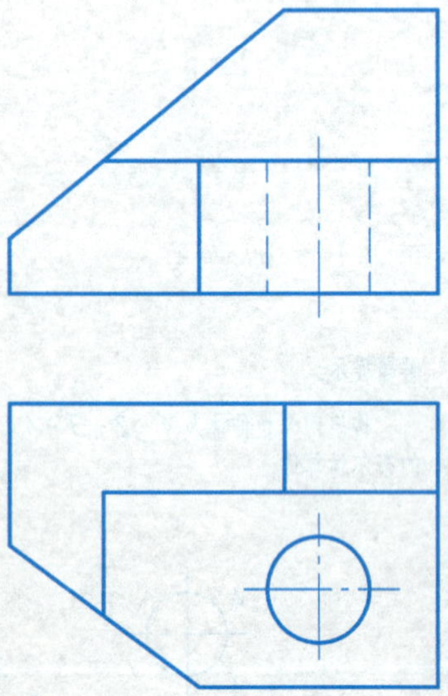

5.

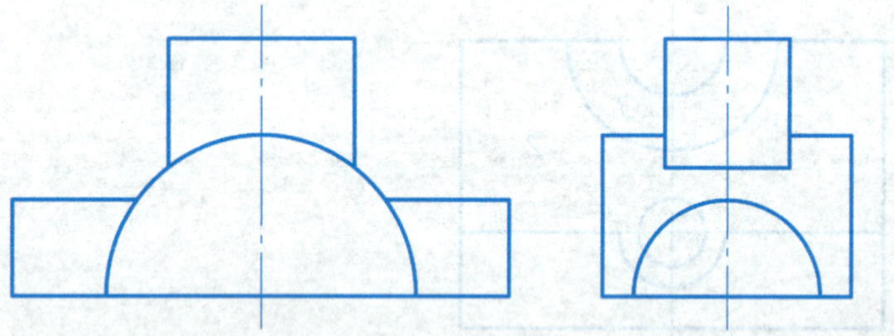

解题提示：

本题应根据截交线确定最上方基本体形状。

6.

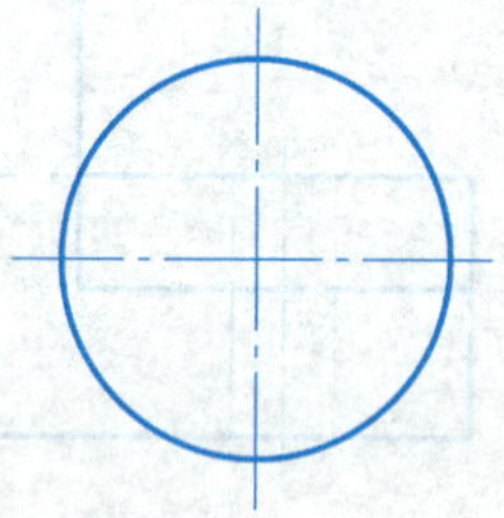

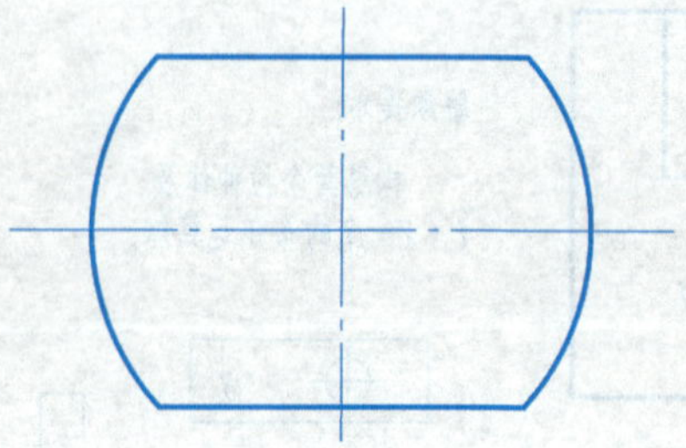

解题提示：

本题是两正交圆柱取并集的布尔运算体。

	班级		学号		姓名		审阅		成绩	

续5-5　补画组合体的第三视图

1.

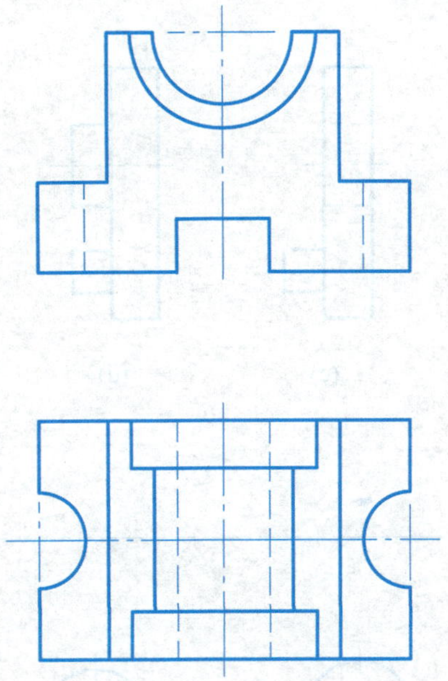

2.

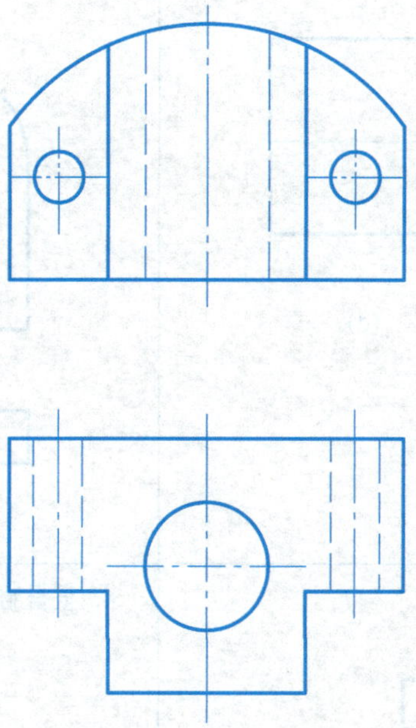

3.

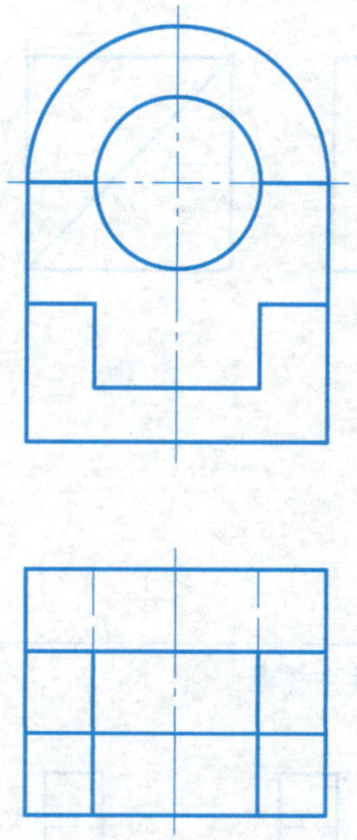

解题提示：

根据主视图的三个线框，构思三个拉伸体，将其叠加。

4.

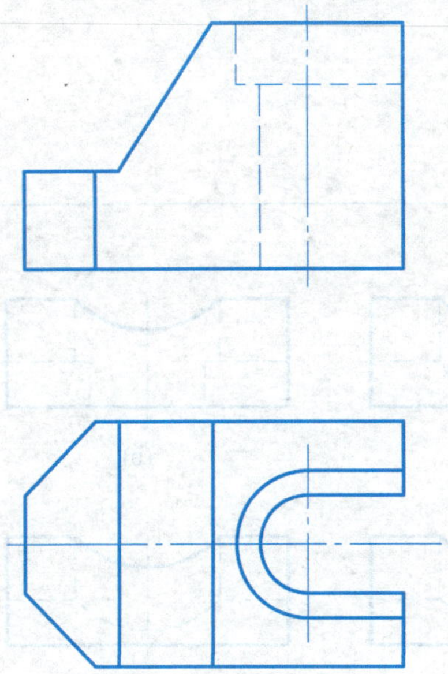

5.

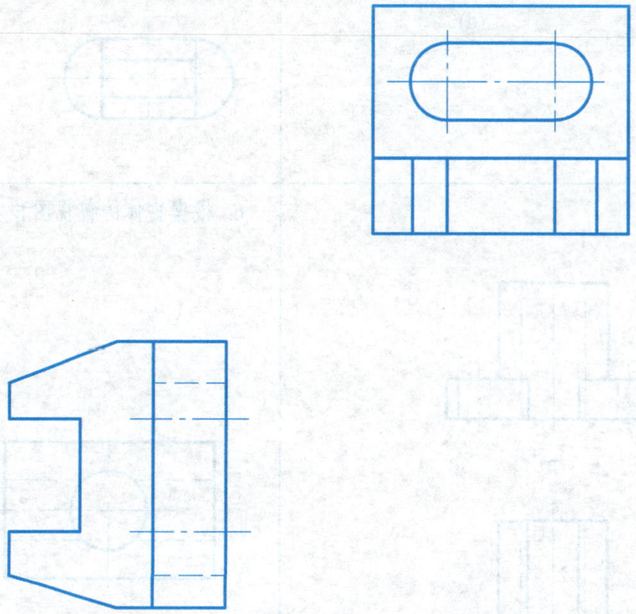

6.

	班级		学号		姓名		审阅		成绩	

1. 根据物体的主、俯两视图，选择正确的左视图。

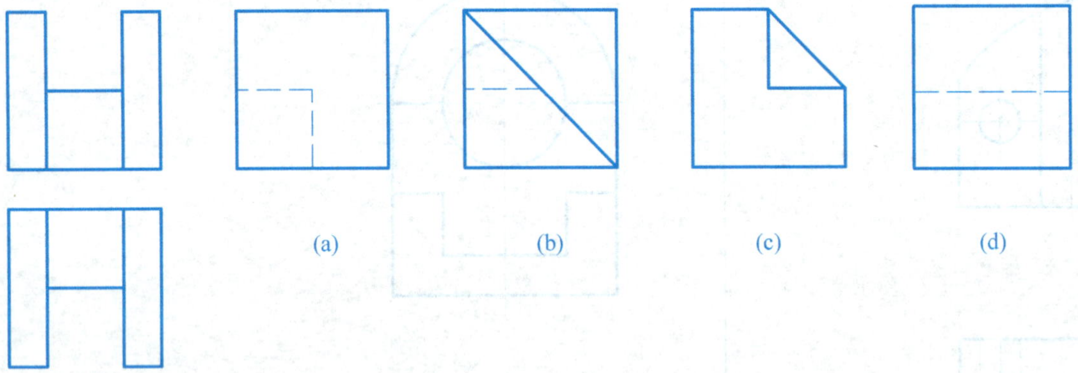

2. 根据物体的主、俯两视图，选择正确的左视图。

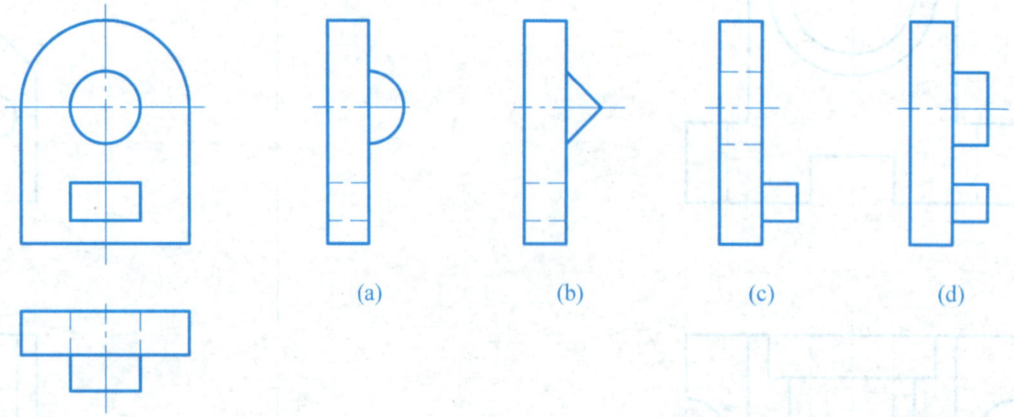

3. 根据物体的主、俯两视图，选择正确的左视图。

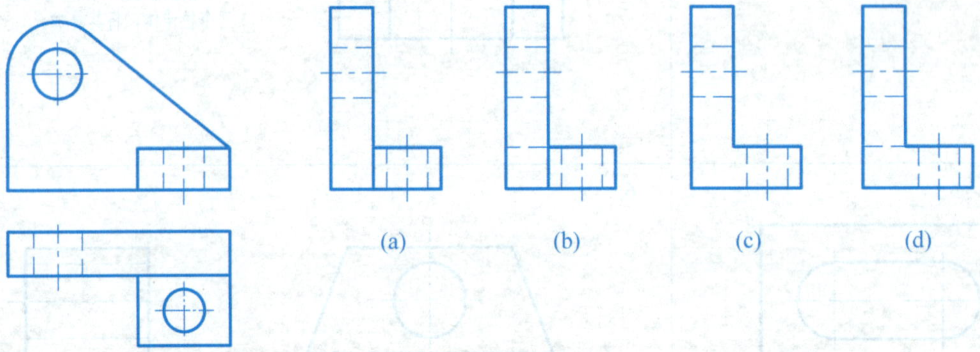

4. 根据物体的俯视图，选择其相应的主视图。

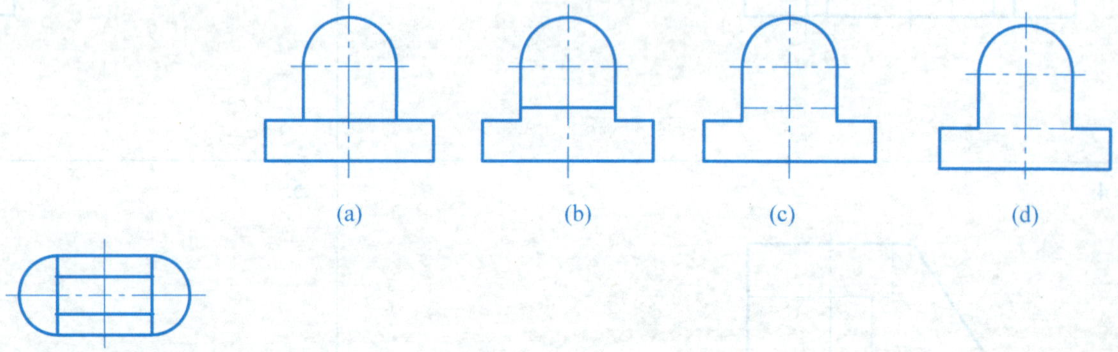

5. 根据物体的俯视图，选择正确的主视图。

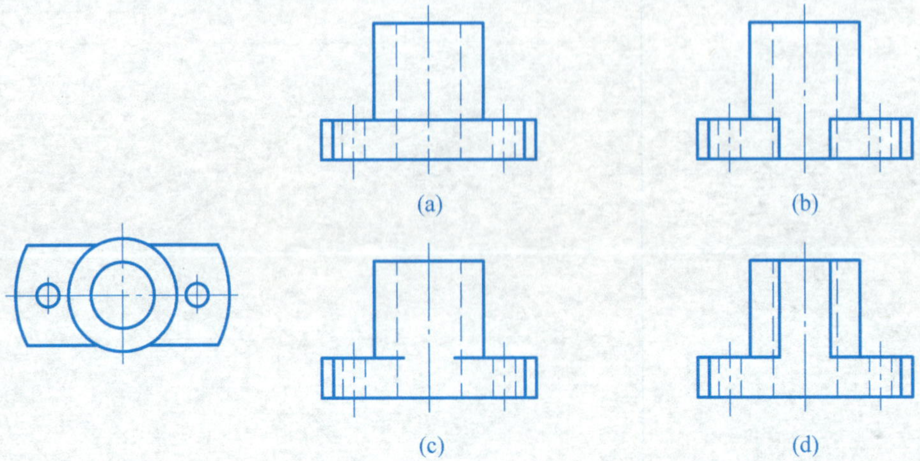

6. 根据物体的俯视图和左视图，选择正确的主视图。

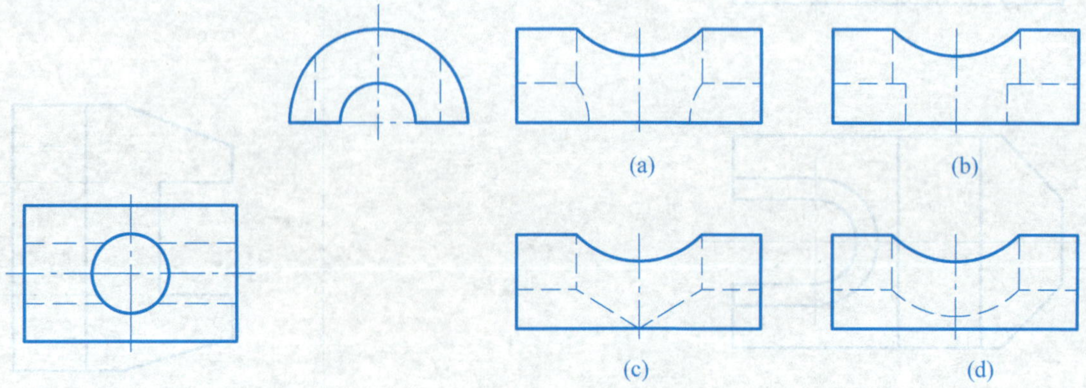

班级		学号		姓名		审阅		成绩	

第六章　轴　测　图

6-1　画出物体的轴测图

1. 画物体的正等轴测图

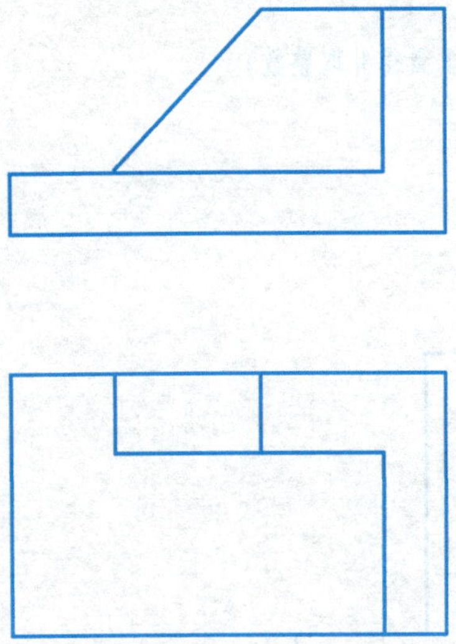

2. 画物体的正等轴测图

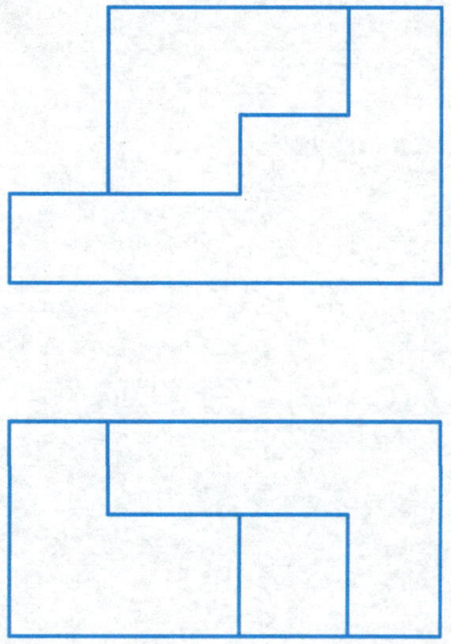

3. 画物体的正等轴测图

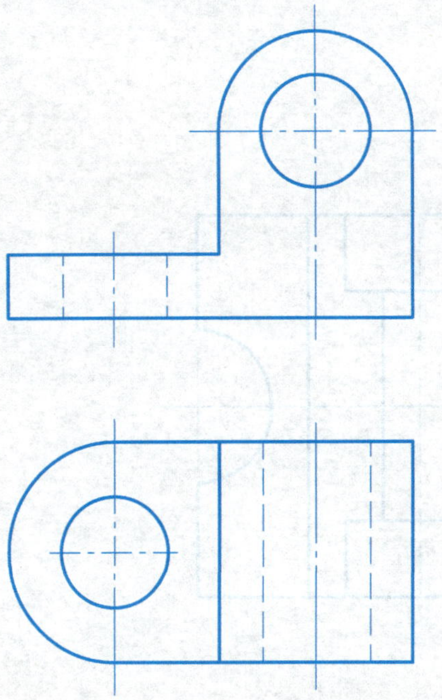

4. 画物体的斜二轴测图

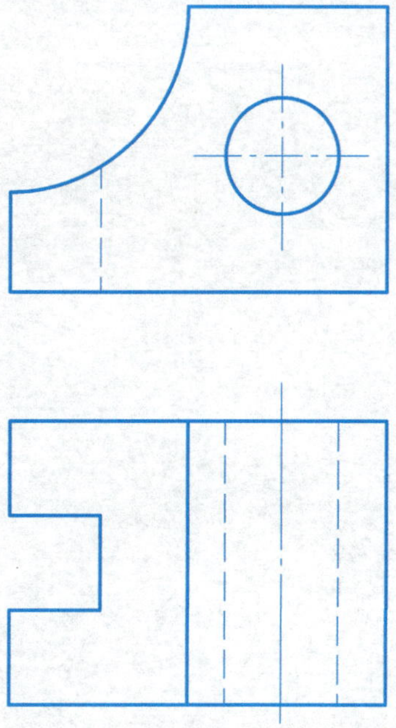

	班级		学号		姓名		审阅		成绩

1. 画物体的斜二轴测图

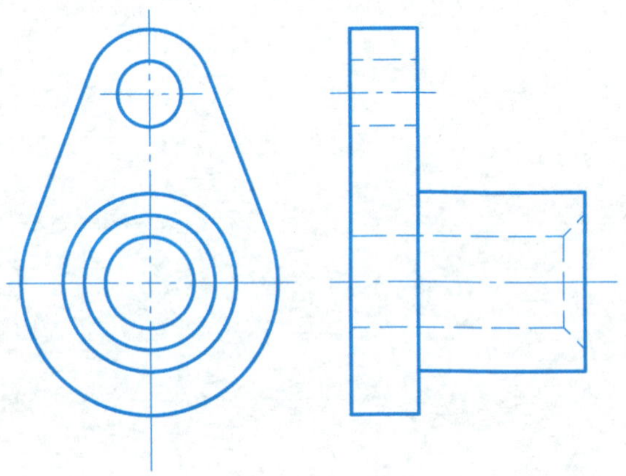

2. 画物体的斜二轴测图

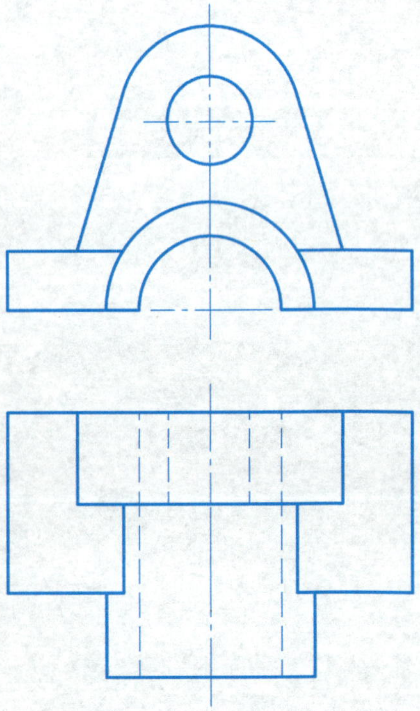

轴测图大作业

要求：

1. 根据物体的二视图，画出第三视图，并标注尺寸（尺寸由图中1:1量得并取整数）。
2. 用A3图纸选择合适的比例画出物体的三视图及正等轴测图。
3. 标题栏名称填“三视图及轴测图”。

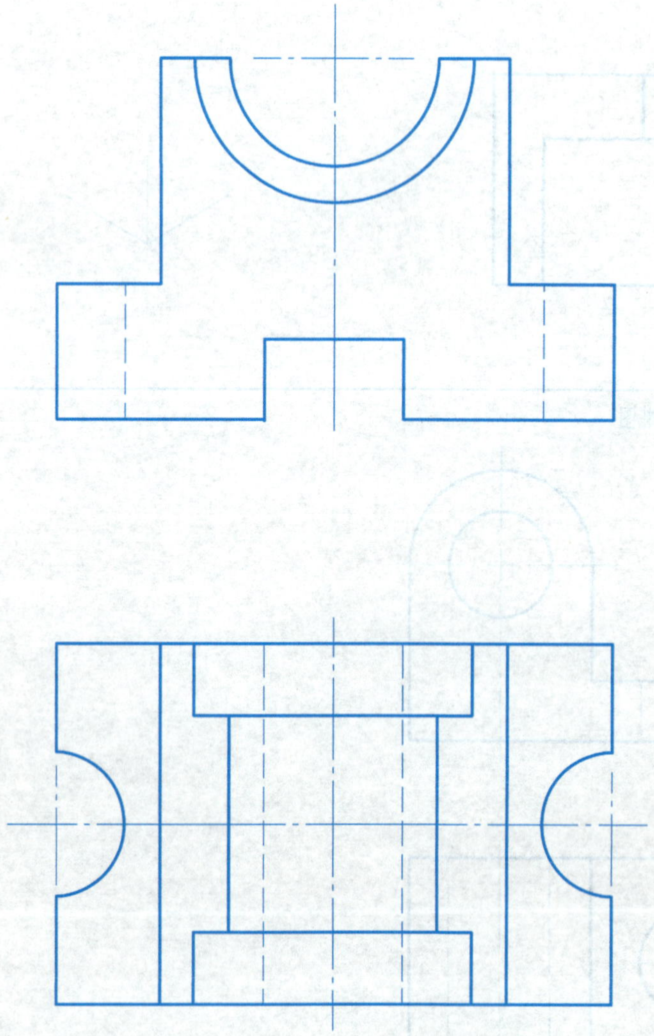

班级		学号		姓名		审阅		成绩	

6-3 画正等轴测图和斜二轴测图　分析已知视图，补画第三视图，并徒手画出正等轴测图（1~3）和画出斜二轴测图（4~6）

1.

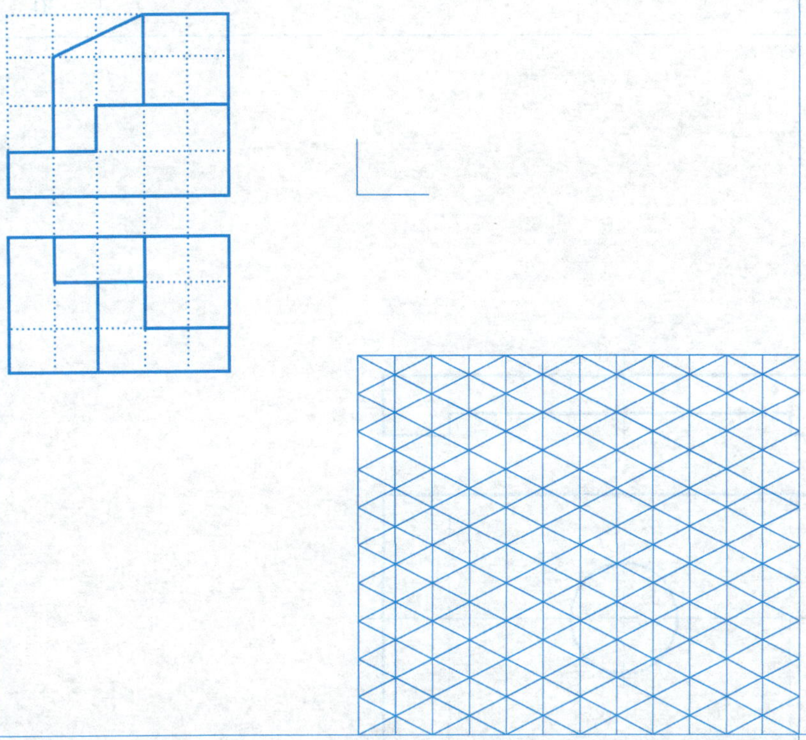

2.

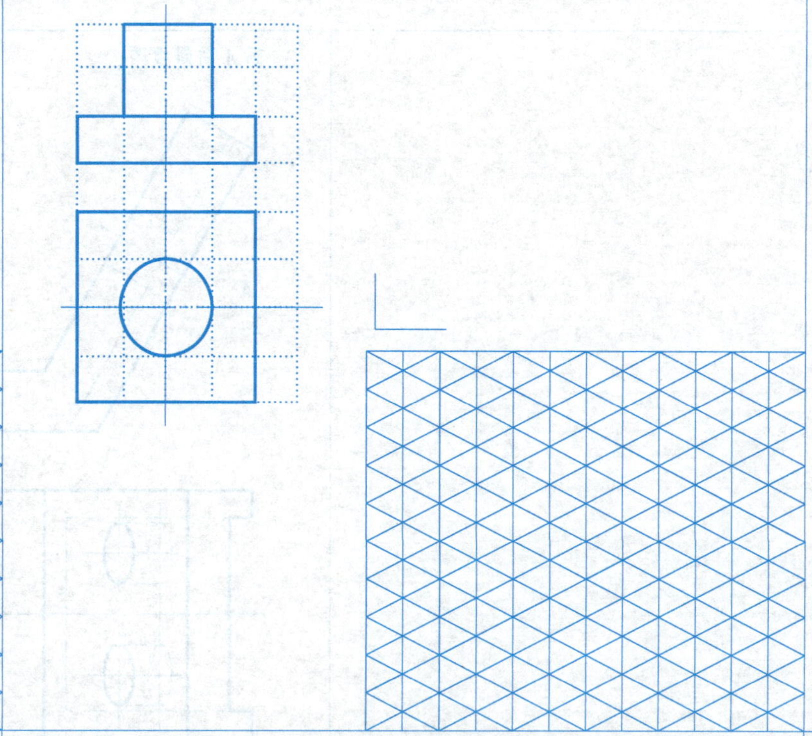

3.

4.

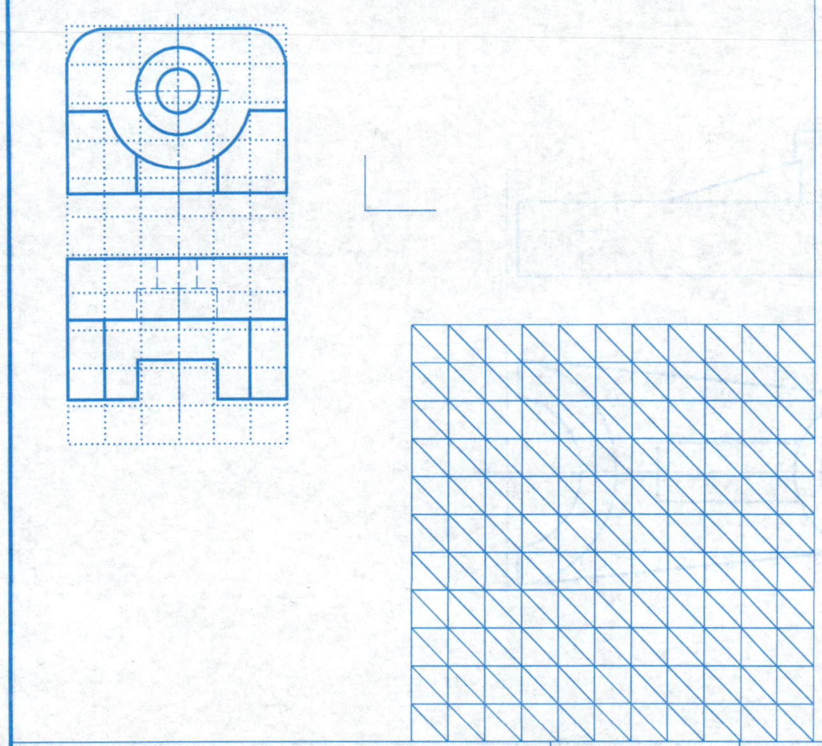

5.

6.

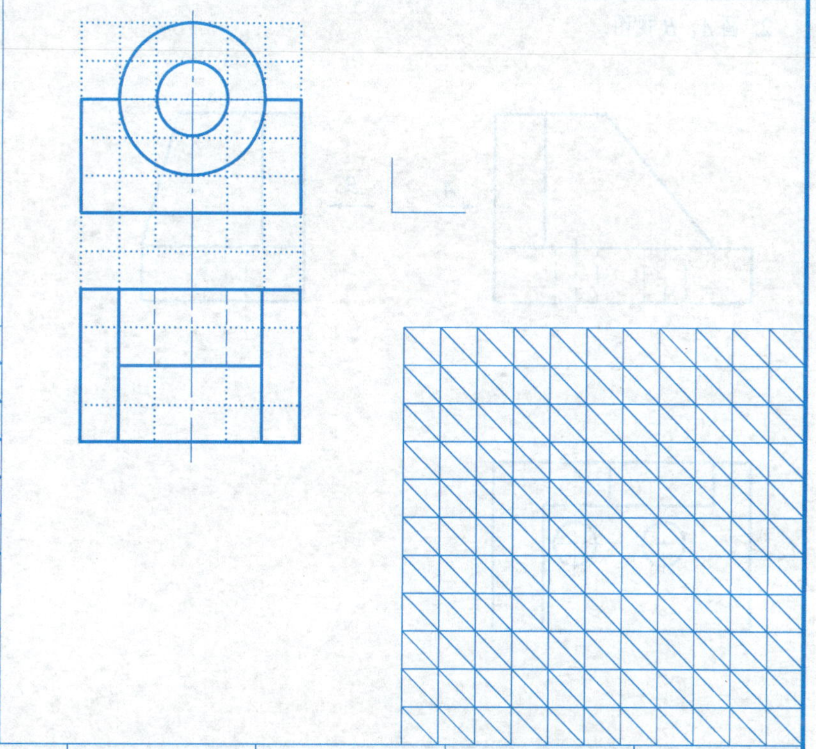

	班级		学号		姓名		审阅		成绩	

7-1 视图

1. 根据所给的主、俯视图画左视图、右视图、仰视图和后视图。

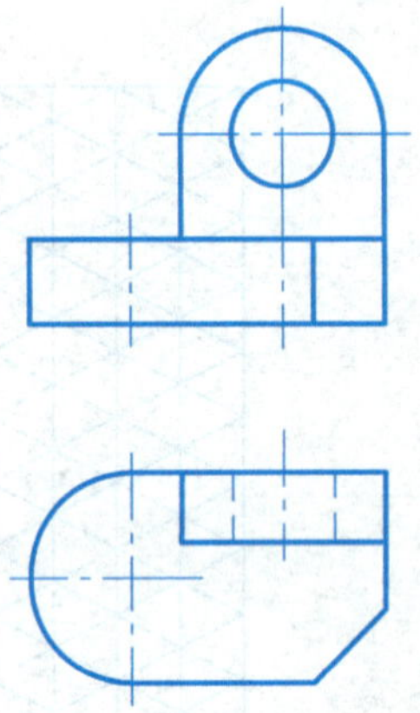

3. 画 *A* 向斜视图。

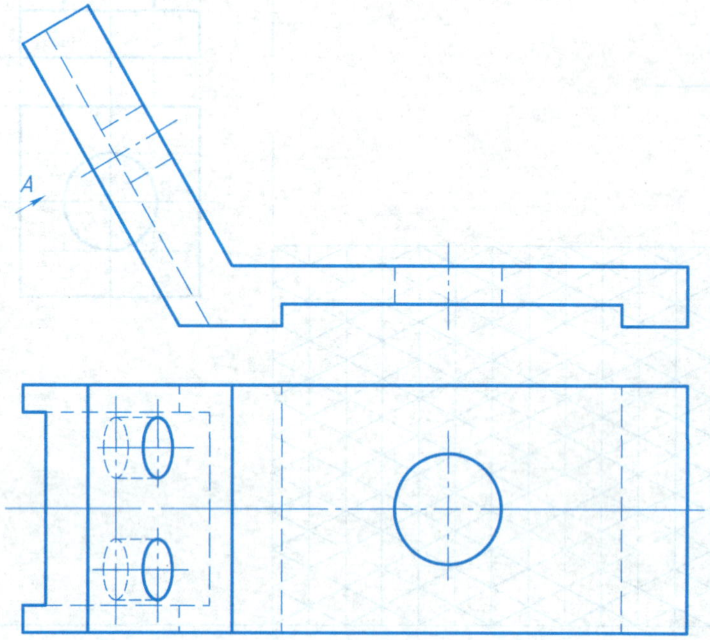

2. 画 *A*、*B* 视图。

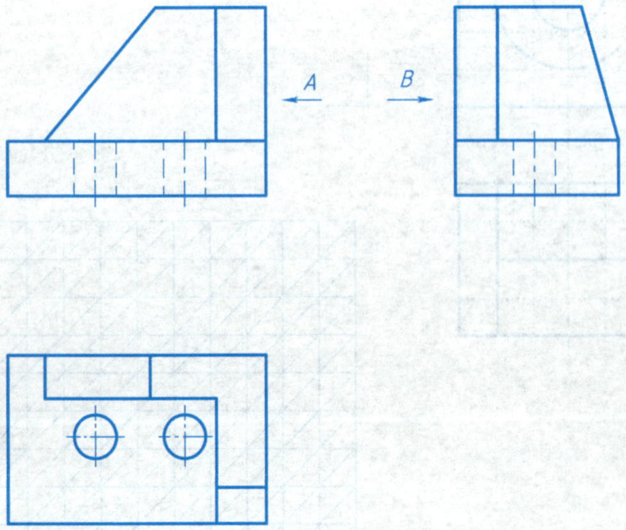

4. 画 *A* 向局部视图。

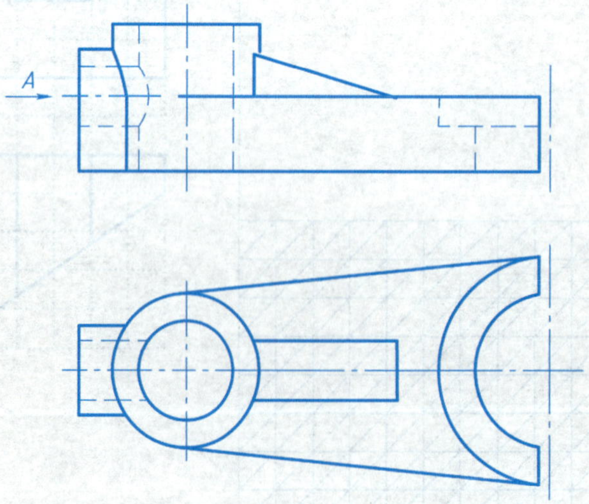

	班级		学号		姓名		审阅		成绩	

1. 把主视图画成全剖视图。

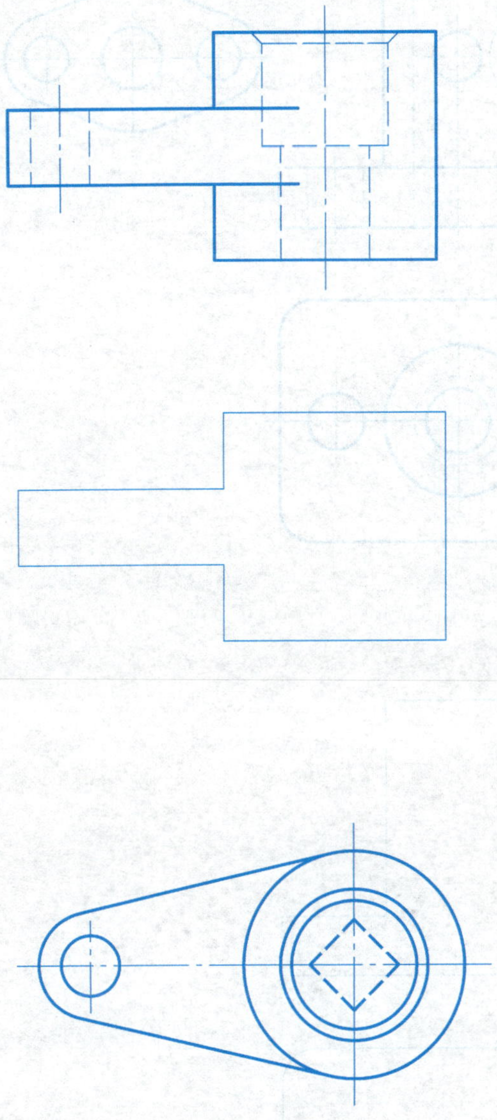

2. 把主视图画成全剖视图。

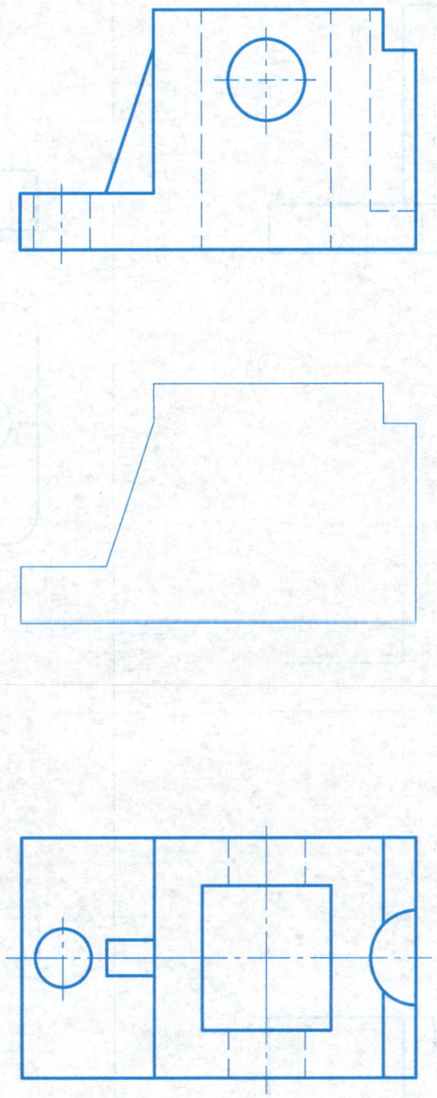

3. 把主视图画成 *A*—*A* 的全剖视图。

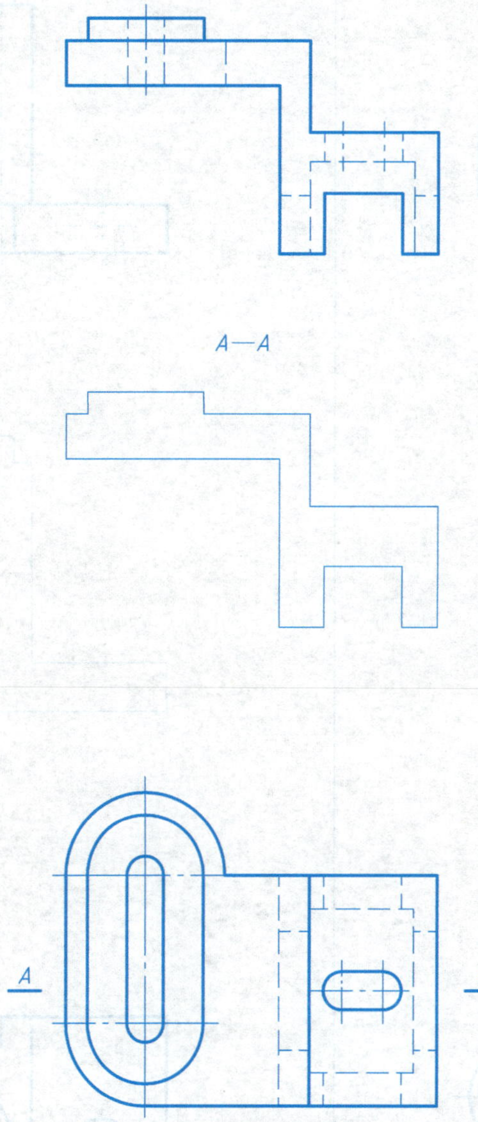

4. 把主视图画成全剖视图。

班级		学号		姓名		审阅		成绩	

7-3 画半剖视图

1. 把主视图画成半剖视图。

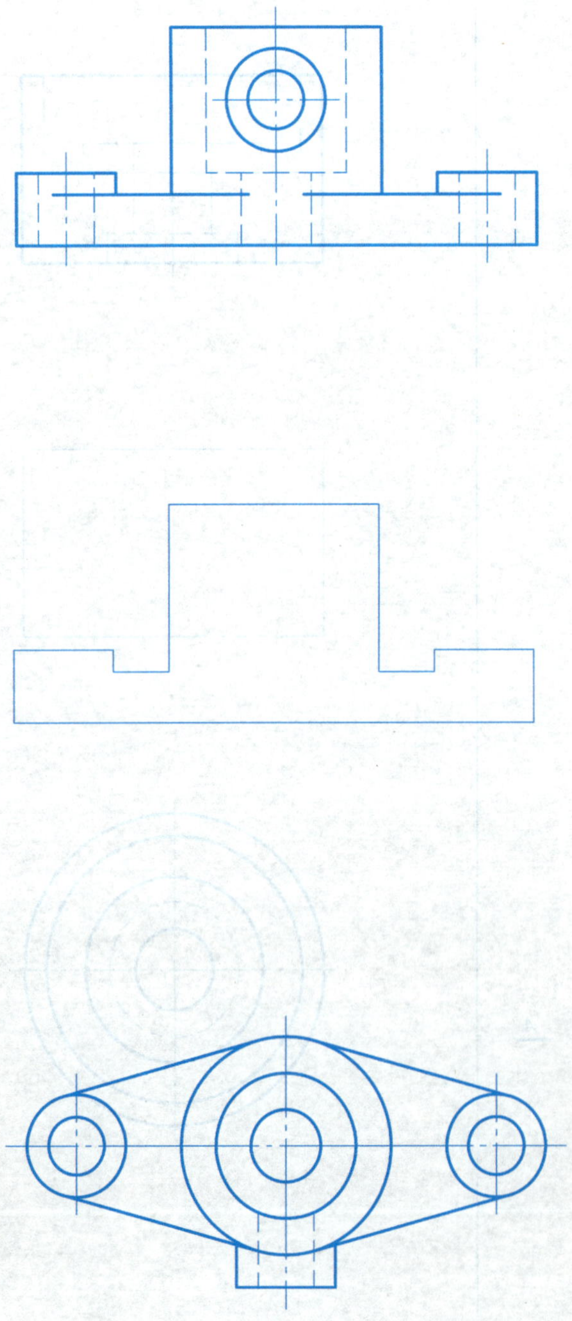

2. 把主视图画成半剖视图。

3. 把主视图画成全剖视图，俯视图上画半剖视图。

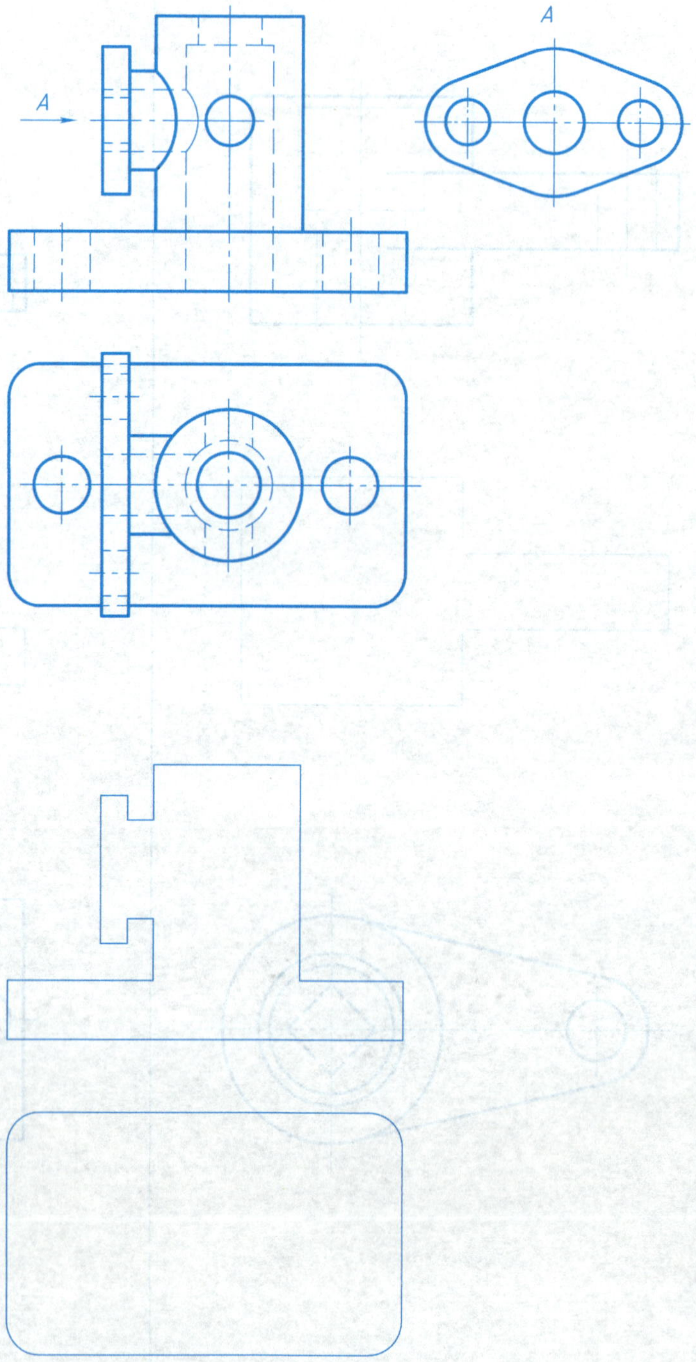

班级		学号		姓名		审阅		成绩	

7-4 画局部剖视图

1. 把主视图画成局部剖视图。

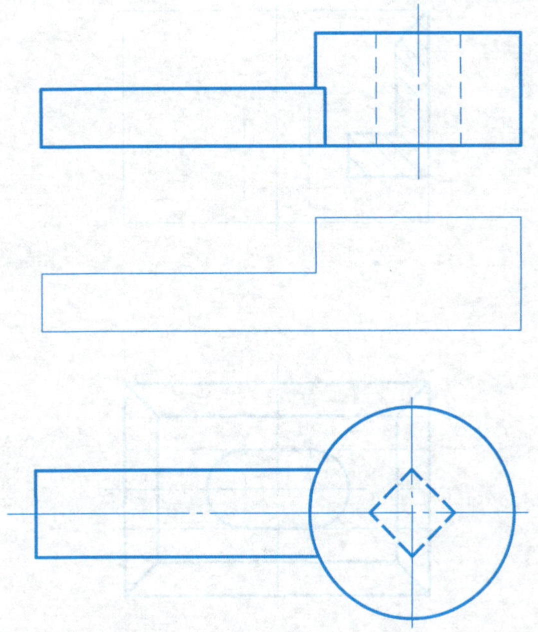

2. 把主、俯视图画成局部剖视图。

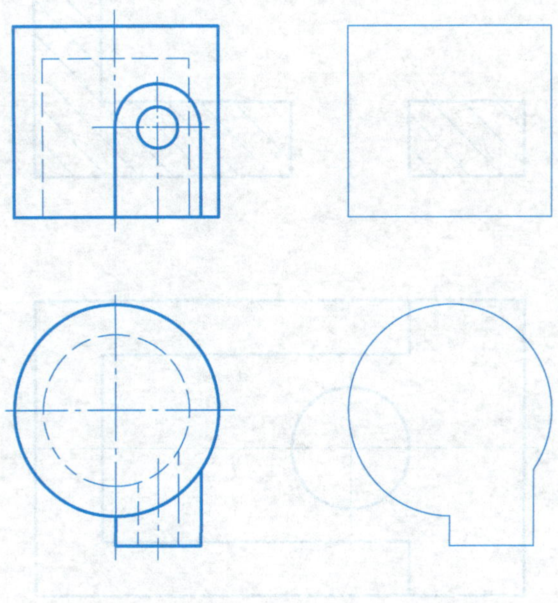

3. 把主、俯视图画成局部剖视图。

4. 把主、俯视图画成局部剖视图。

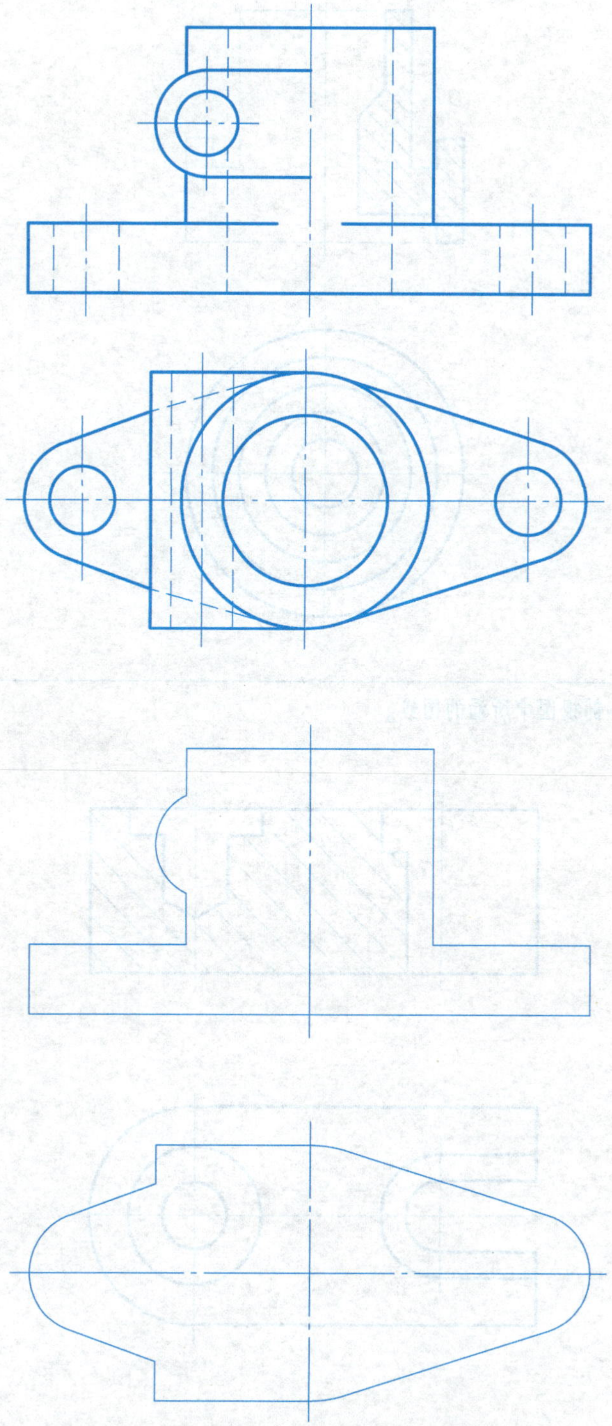

班级		学号		姓名		审阅		成绩	

7-5　补画剖视图中所漏的图线

1. 将下列形体的主视图画为半剖视图，并补全剖视图中所漏的图线。

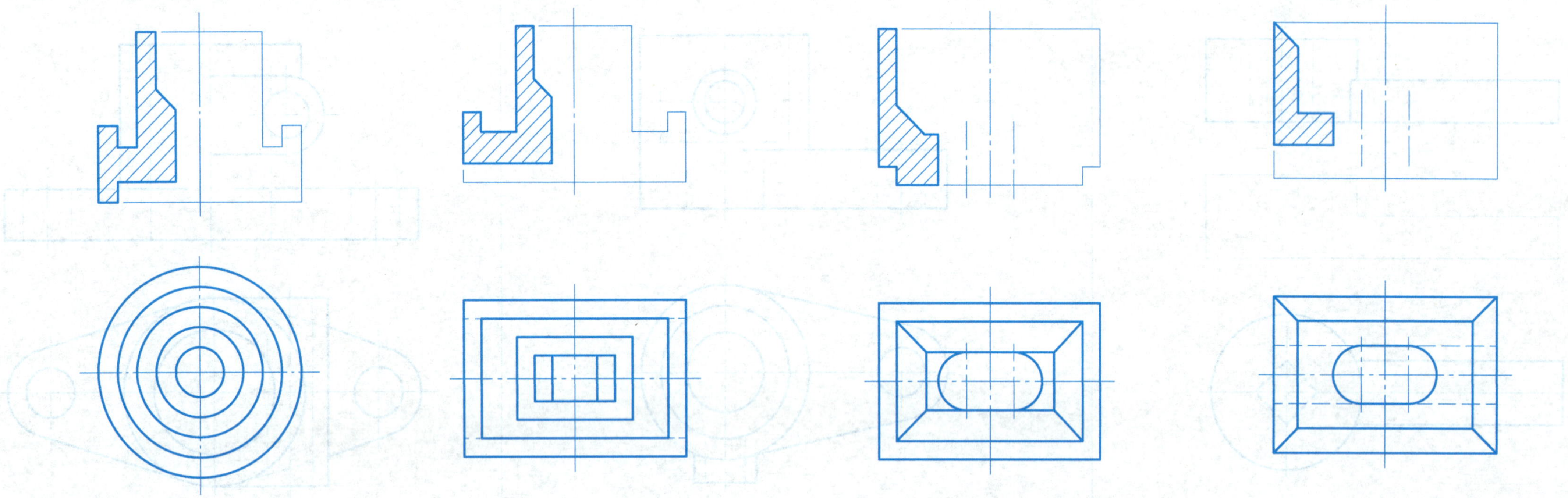

2. 补全剖视图中所漏的图线。

3. 补全剖视图中所漏的图线。

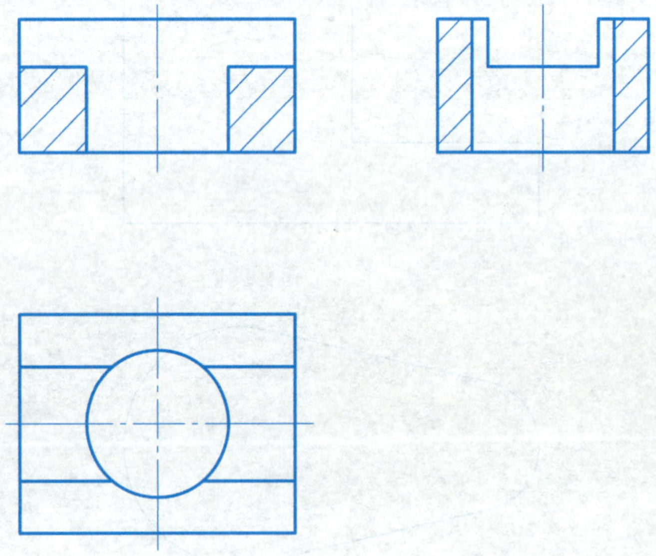

4. 补全剖视图中所漏的图线。

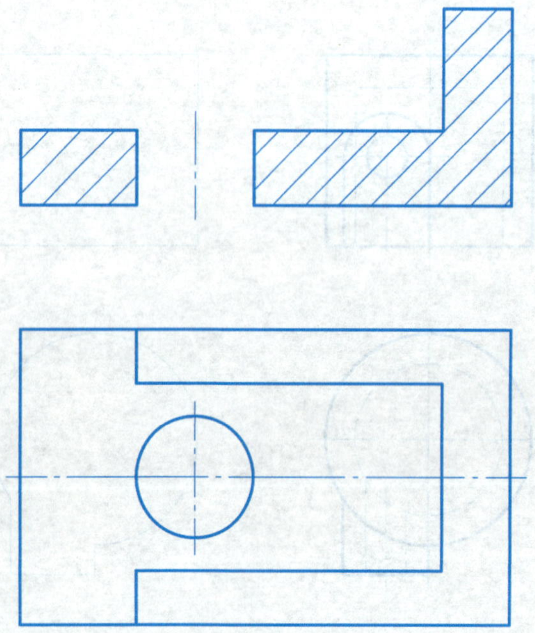

	班级		学号		姓名		审阅		成绩	

1.

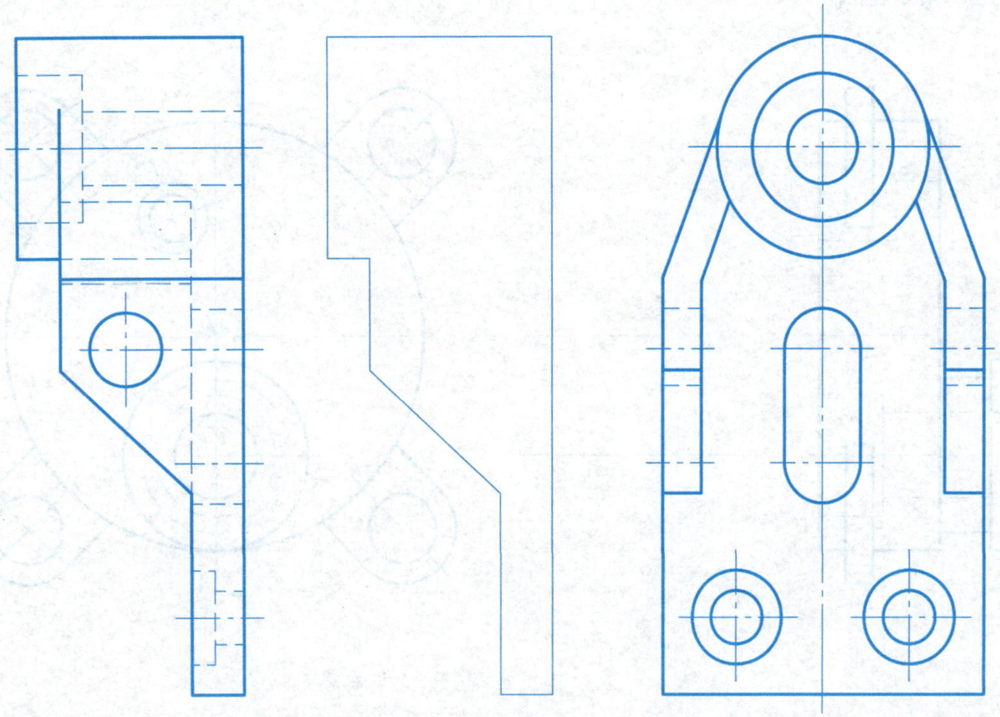

2.

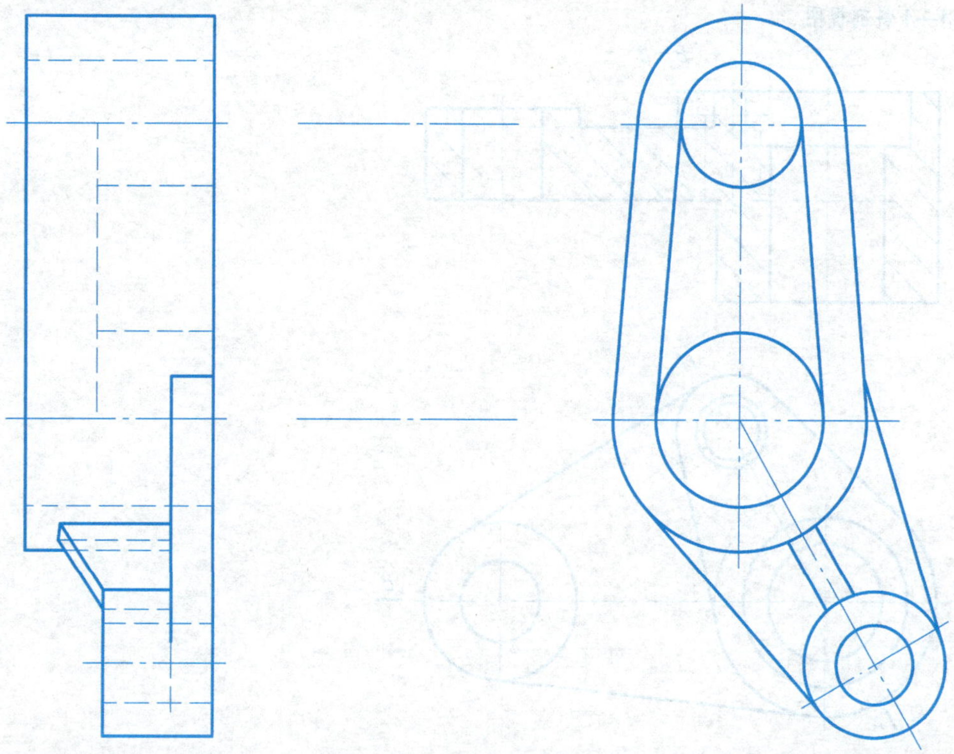

3.

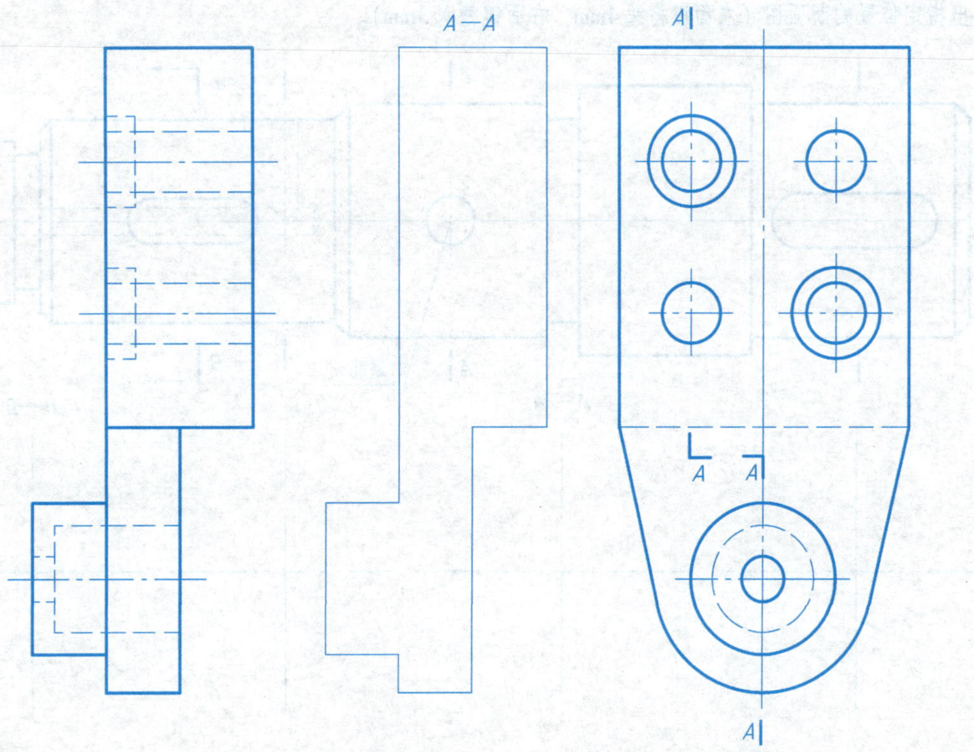

4.

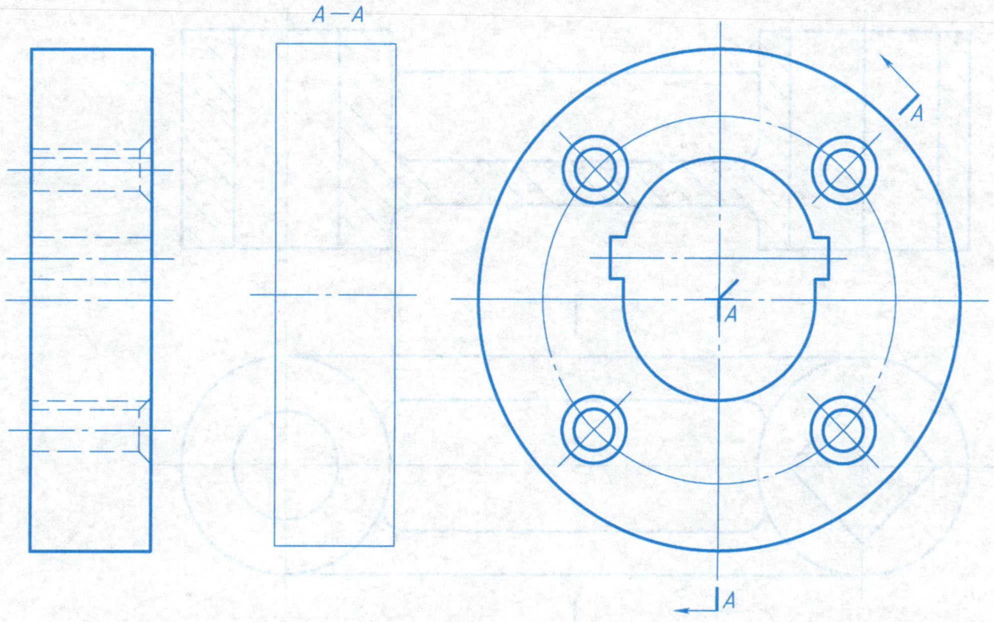

班级		学号		姓名		审阅		成绩	

7-7 斜剖视图、旋转剖视图和断面图

1. 画 *A—A* 斜剖视图。

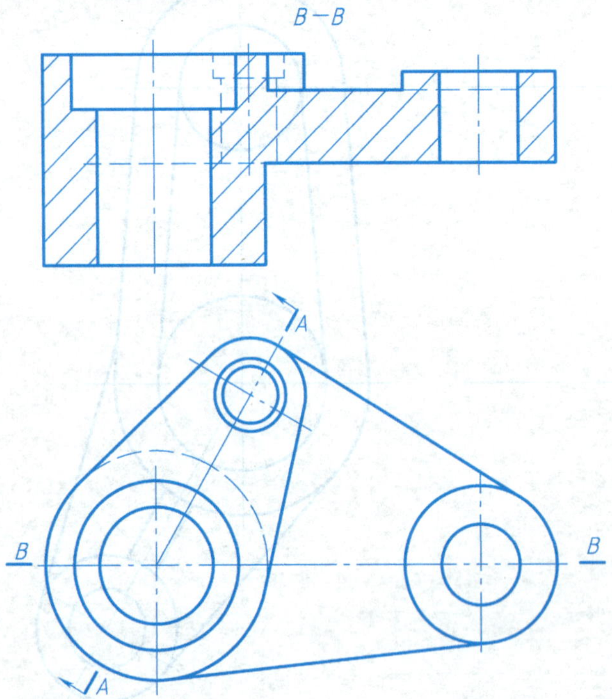

2. 画 *A—A* 旋转剖视图。

3. 在图示剖切位置上画出重合断面图。

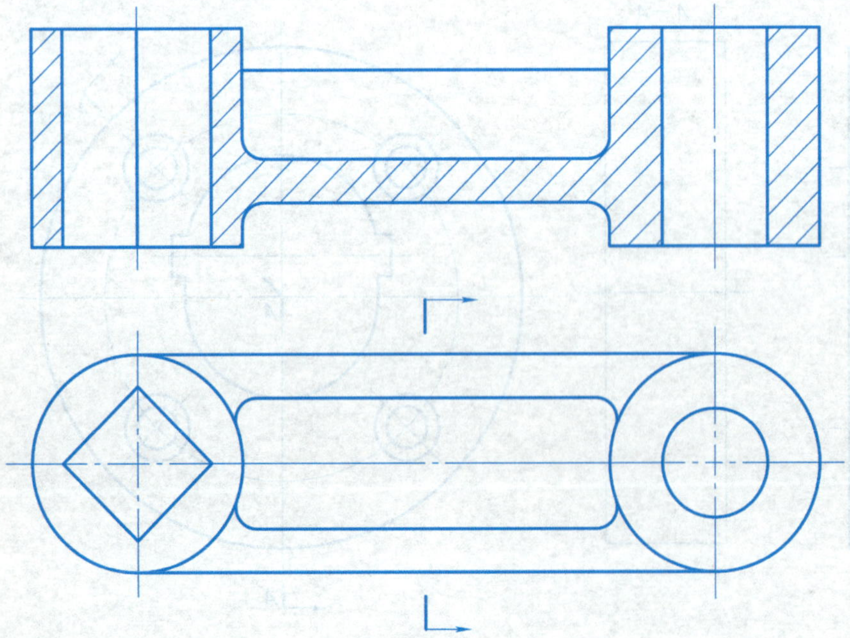

4. 画出指定位置的断面图（左面键槽深 4mm，右面键槽深 3mm）。

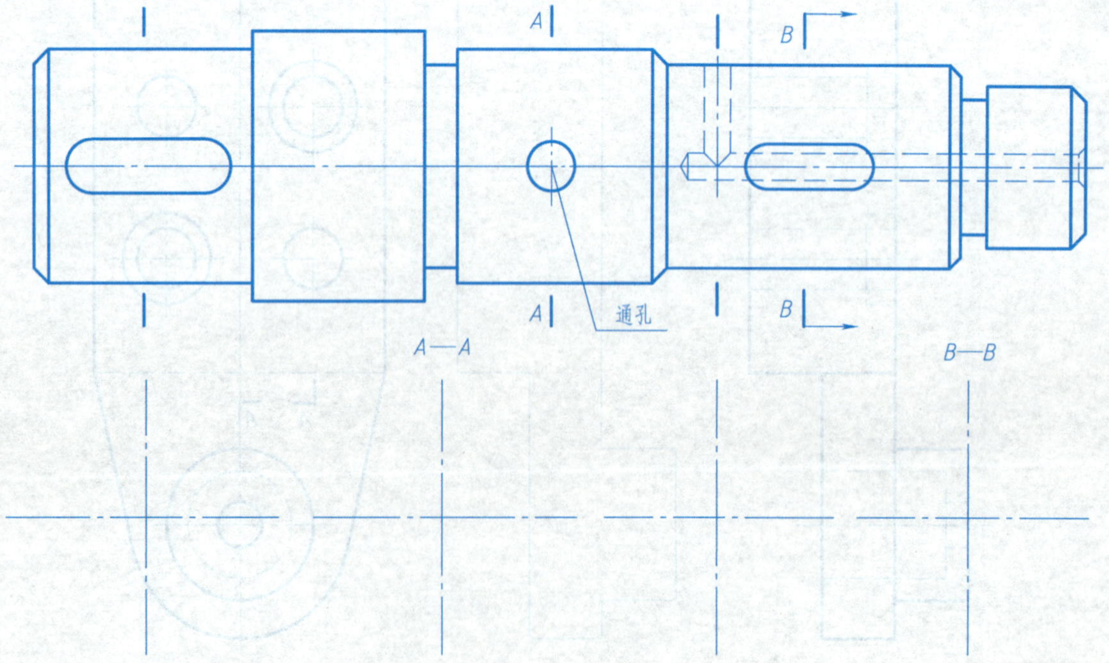

		班级		学号		姓名		审阅		成绩	

7-8 表达方法选择填空题

1. 已知主视图和俯视图，它的左视图为（　　）。

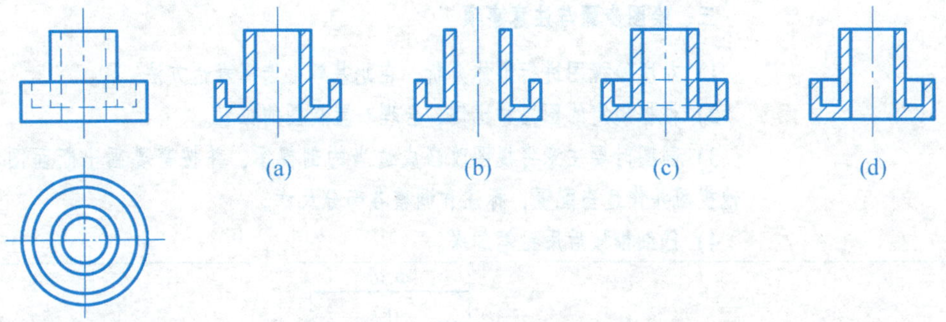

(a)　(b)　(c)　(d)

2. 下列两图中正确的是（　　）。

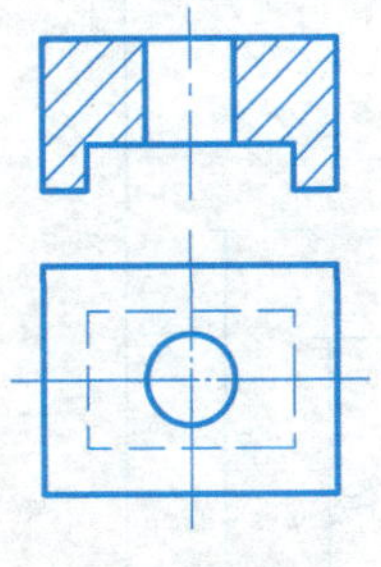

(a)　(b)

3. 下列两图中正确的是（　　）。

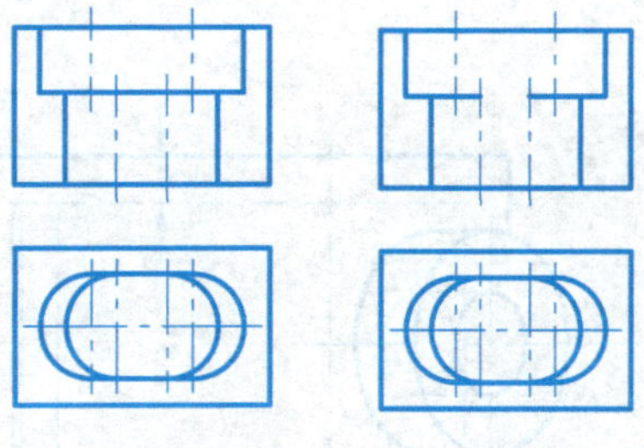

(c)　(d)

4. 已知主视图和俯视图，主视图的全剖视图正确的是（　　）。

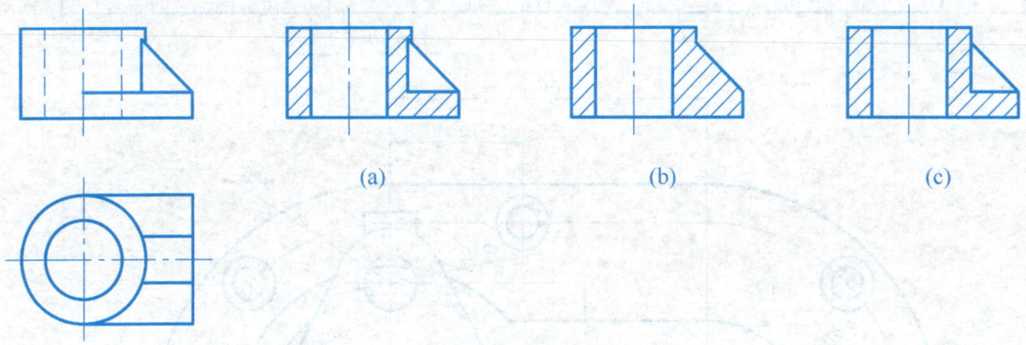

(a)　(b)　(c)

5. 四种不同零件的局部剖视图，哪几组局部剖视图是正确的？（　　）。

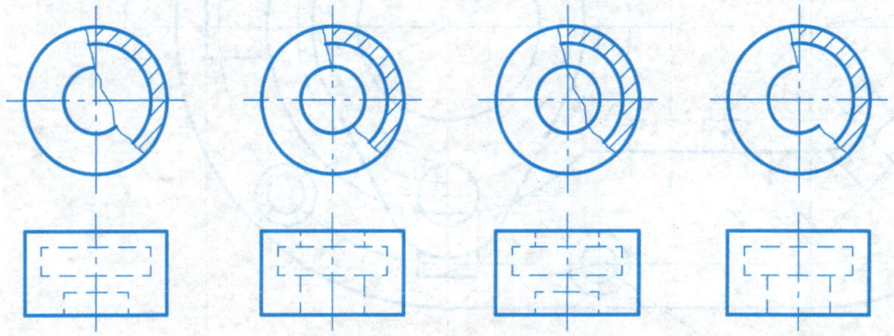

(a)　(b)　(c)　(d)

6. 下列四组剖视图中，哪些是正确的（　　）。

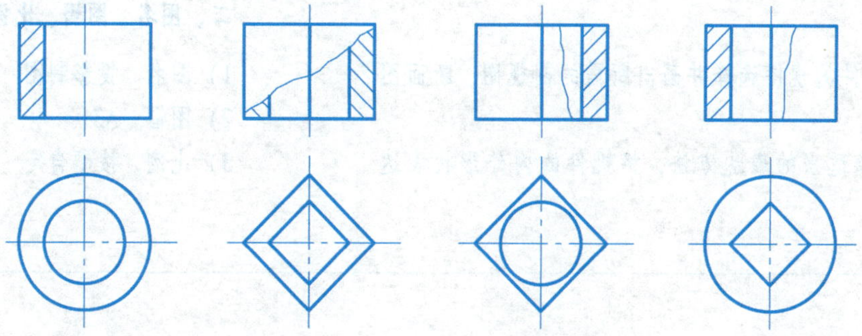

(a)　(b)　(c)　(d)

7. 下列四组移出断面图中，哪一组是正确的（　　）。

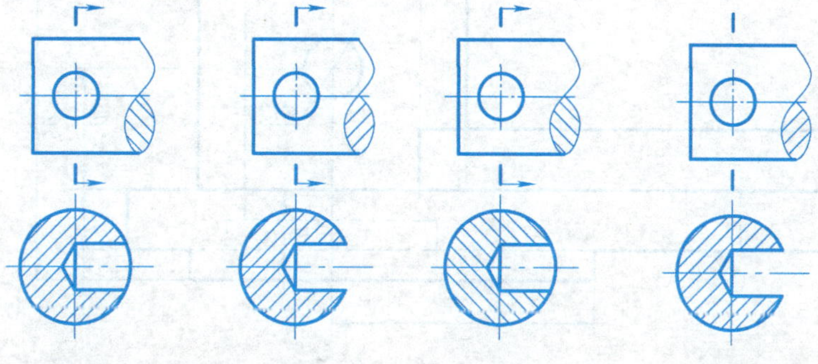

(a)　(b)　(c)　(d)

8. 下列四组重合断面图中，哪一组是正确的（　　）。

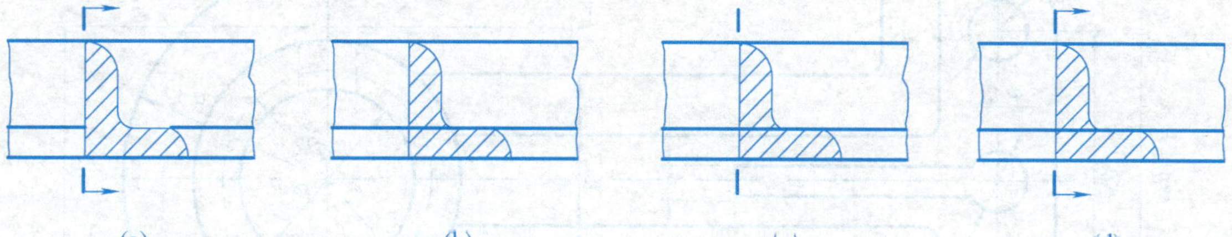

(a)　(b)　(c)　(d)

9. 下列四种不同的 *A—A* 移出断面图，哪些是正确的（　　）。

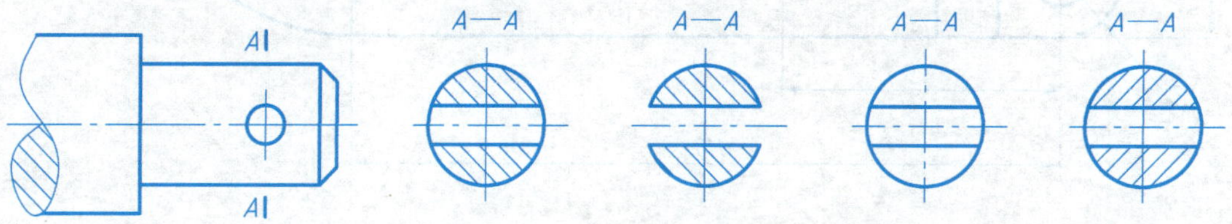

(a)　(b)　(c)　(d)

班级		学号		姓名		审阅		成绩	

作业指导

一、目的、内容与要求

1）目的、内容。根据所给机件的视图选择并画出所需的剖视图、断面图和其他视图，并标注尺寸。

2）要求。对指定的机件选择适当的表达方法，将机件的内外形状表达清楚。

二、图名、图幅、比例

1）图名。投影制图

2）图幅。A3

3）比例。按题自定

三、绘图步骤与注意事项

1）对所给视图进行形体分析，在此基础上选择表达方法。

2）根据规定的图幅和比例，合理布置视图的位置。

3）画图时要注意将视图改画成适当的剖视图，并按需要画出断面图和其他视图并作适当配置，标注和调整各部分尺寸。

4）仔细校核后用铅笔加深。

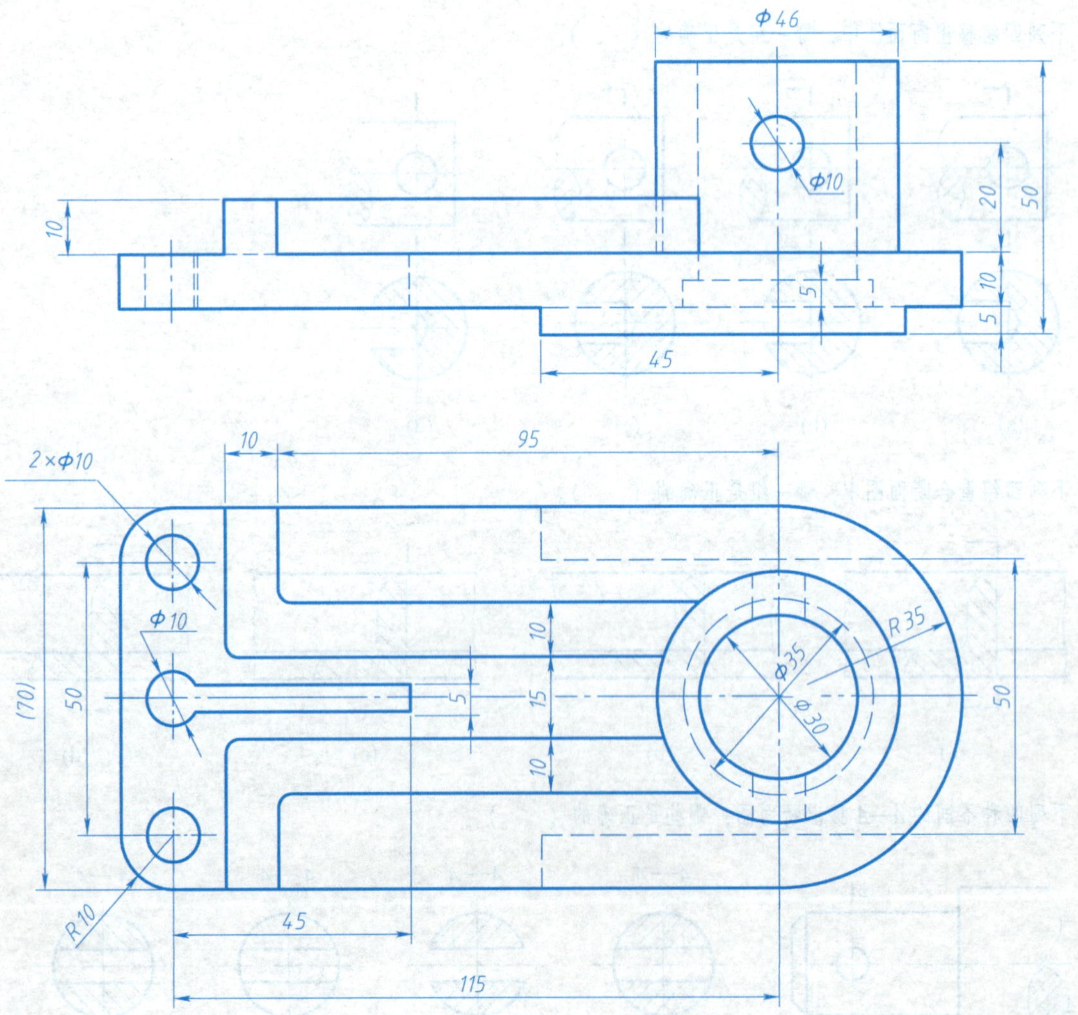

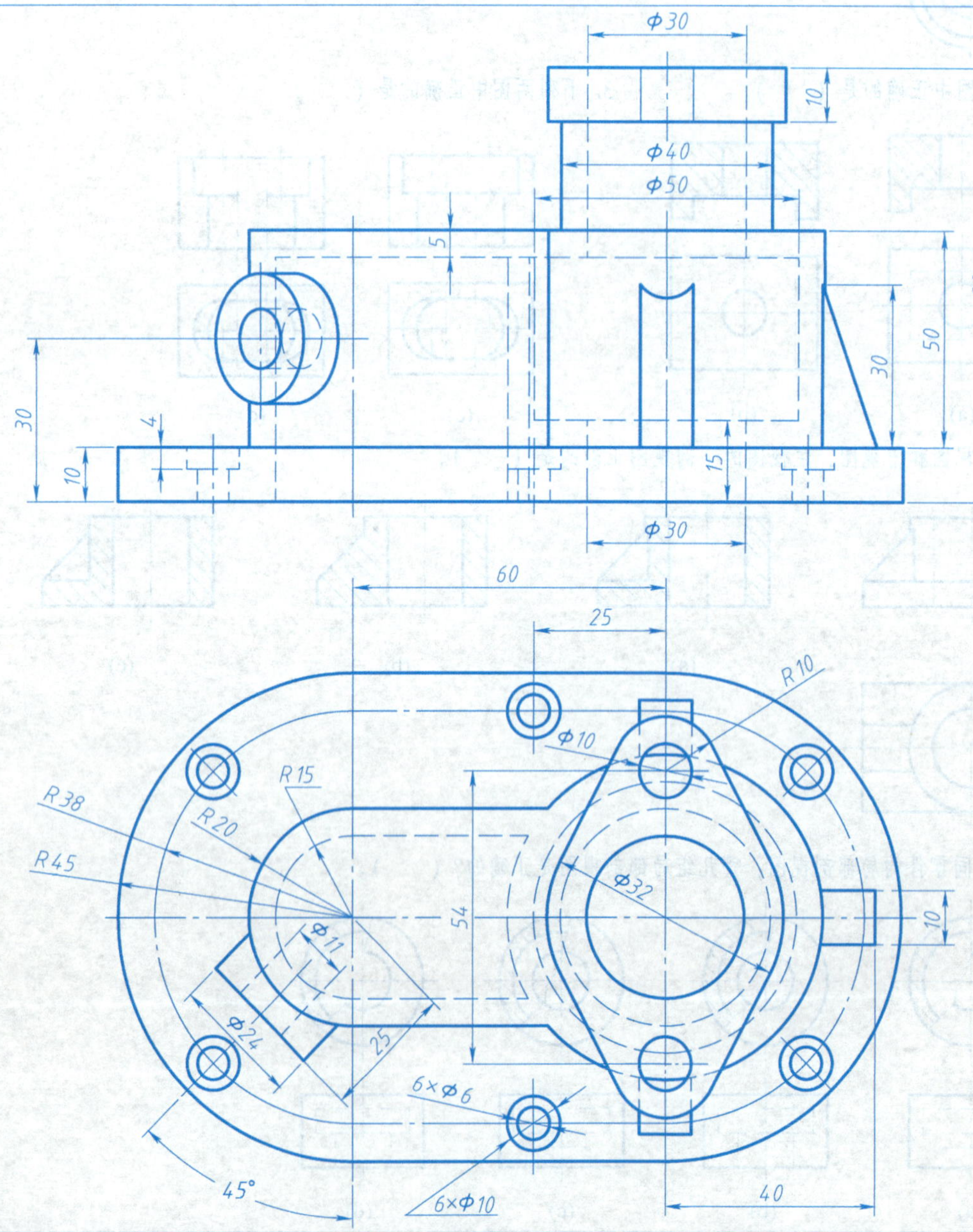

班级		学号		姓名		审阅		成绩	

8-1　螺纹

1. 已知ϕ20的圆柱长40mm，其左端有长度为30mm的螺纹M20，螺纹倒角$C2$，按规定画法，在指定位置绘制圆柱和螺纹（螺杆）的主视图和左视图。

2. 已知沿主视图的轴线上有一贯通的M20螺孔，螺孔两端倒角$C2$，按规定画法，画出螺孔的主视图和左视图（主视图画成全剖视图）。

3. 将上述螺杆旋入螺孔中，旋入长度为20mm，画出内、外螺纹旋合后的全剖主视图（国家标准规定：剖视图中螺杆或实心零件按不剖绘制）。

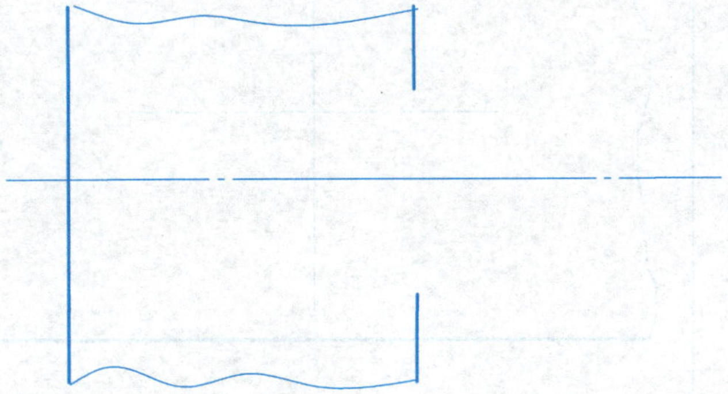

4. 根据给出的螺纹条件，进行标注。

1）粗牙普通螺纹，公称直径6mm，螺距1mm，右旋，中径和顶径公差带代号为7g、6g，中等旋合长度。

2）梯形螺纹，公称直径16mm，螺距4mm，双线，左旋，中径公差带代号为7e，中等旋合长度。

3）细牙普通螺纹，公称直径10mm，螺距1mm，左旋，中径和顶径公差带代号为7H。

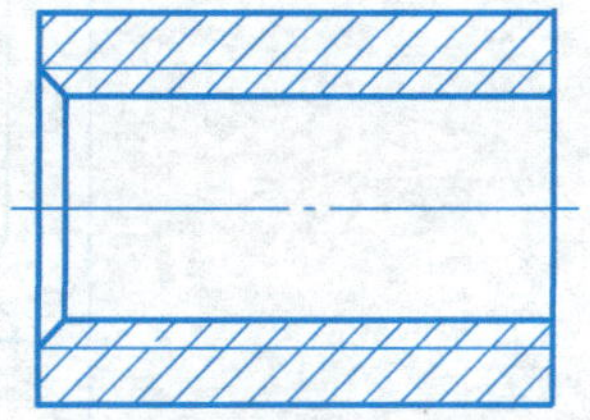

4）55°非密封管螺纹，尺寸代号为1，右旋，查出其大径、小径和螺距，并填入指定位置。

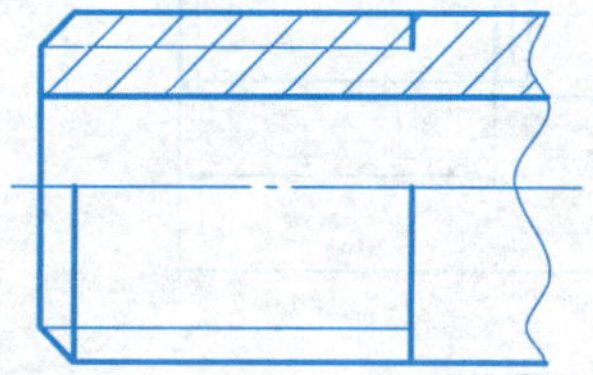

螺纹大径=
螺纹小径=
螺距=

5）55°非密封管螺纹，尺寸代号为2，右旋，查出其大径、小径和螺距，并填入指定位置。

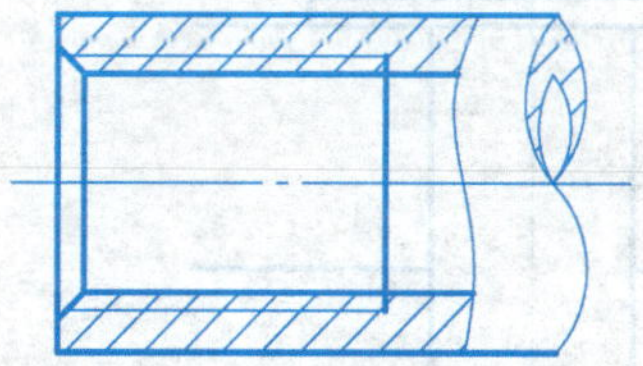

螺纹大径=
螺距=
螺纹小径=

6）细牙普通螺纹，公称直径10mm，螺距1mm，左旋，中径和顶径公差带代号为6f。

	班级		学号		姓名		审阅		成绩	

1. 根据已知条件查表填写螺纹联接件的尺寸并标注。

(1) 螺柱 GB/T 899，公称直径为 12mm，公称长度为 50mm。

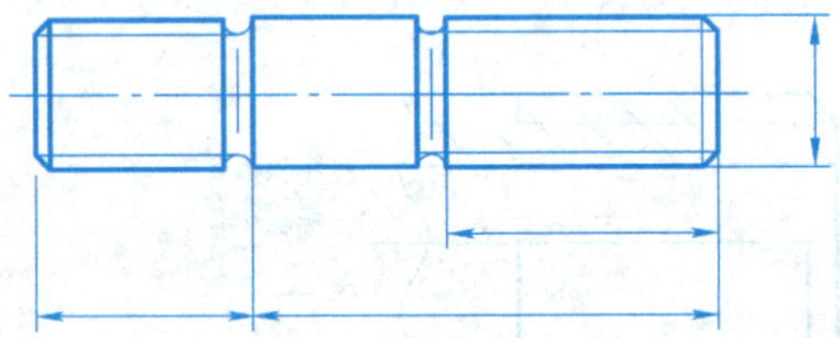

标记________________

(2) 六角头螺栓：公称直径为 12mm，公称长度为 40mm。

标记________________

2. 补画螺栓联接主、俯视图中缺漏的线，并画出左视图。

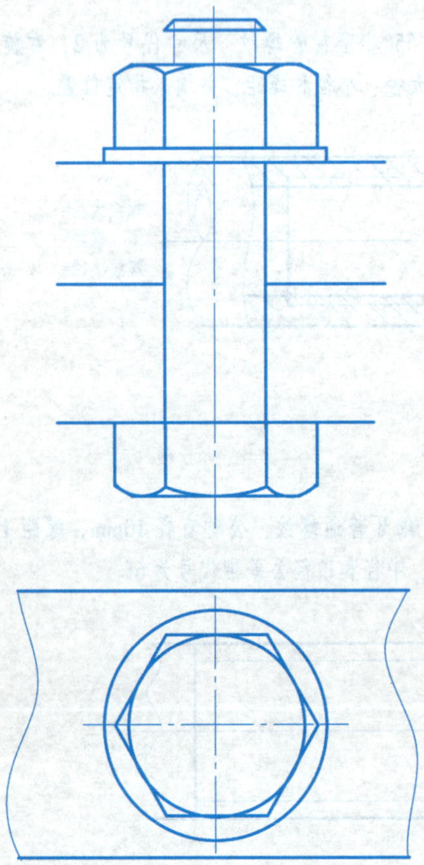

3. 已知螺钉 GB/T 65 M8×30，用比例画法作出联接后的主、俯视图（2:1）。

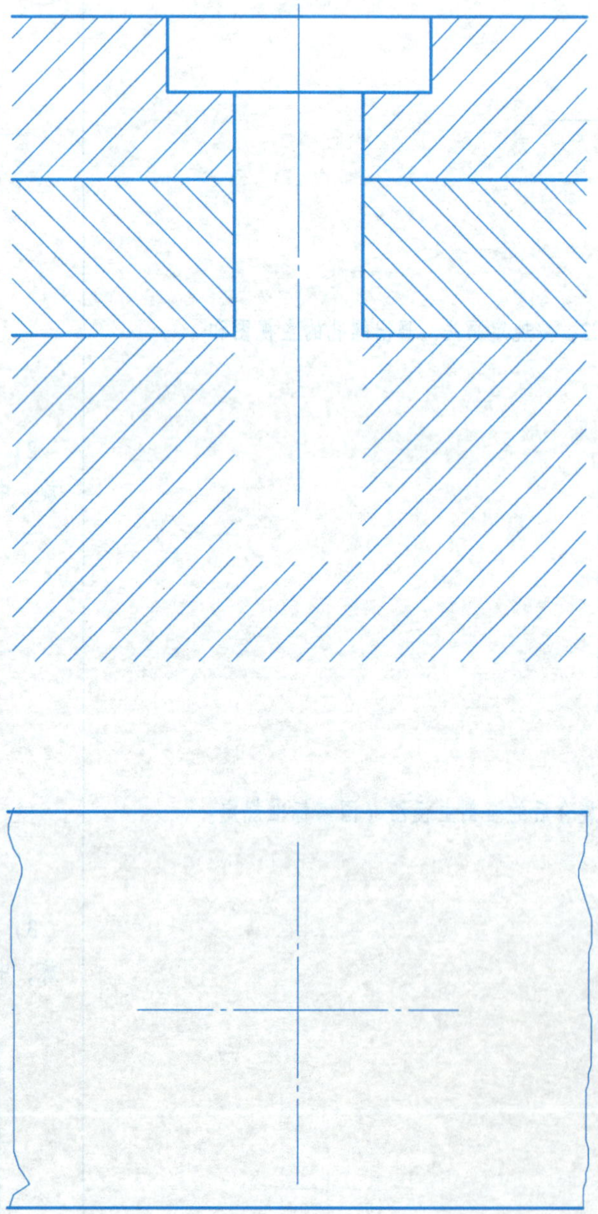

4. 已知螺柱 GB/T 898 M16×40，螺母 GB/T 6170 M16，垫圈 GB/T 97.1—16，用比例画法作出联接后的主、俯视图(1:1)。

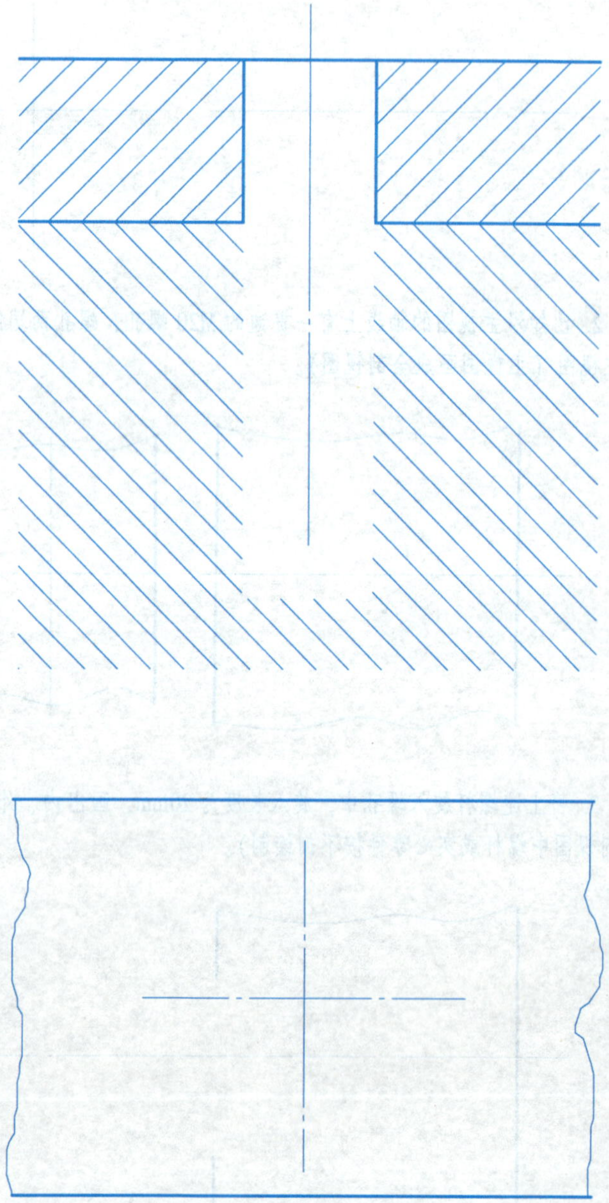

	班级		学号		姓名		审阅		成绩	

1. 下列四个图中，画得正确的是（　　）。

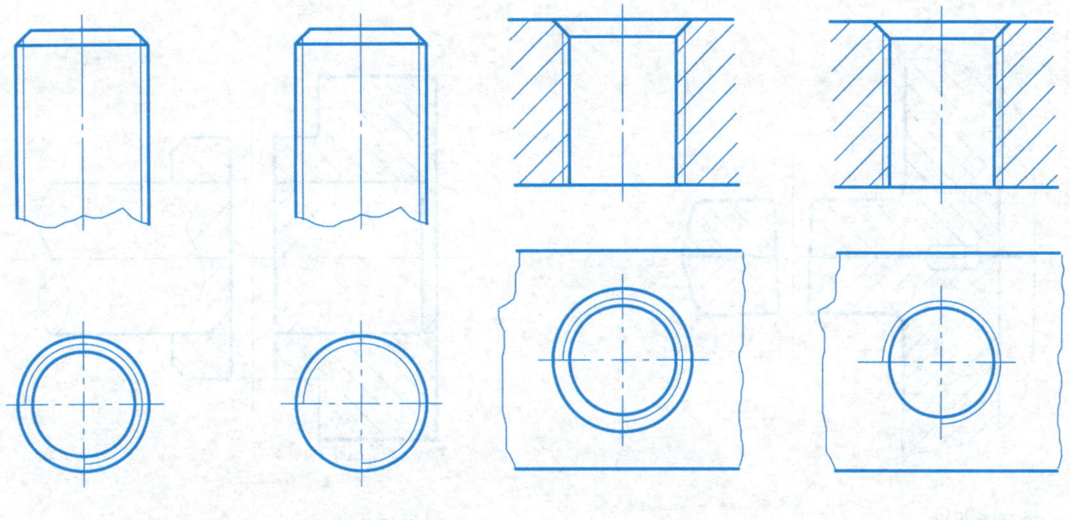

(a)　(b)　(c)　(d)

3. 关于螺杆与螺孔装配图的画法，正确的是（　　）。

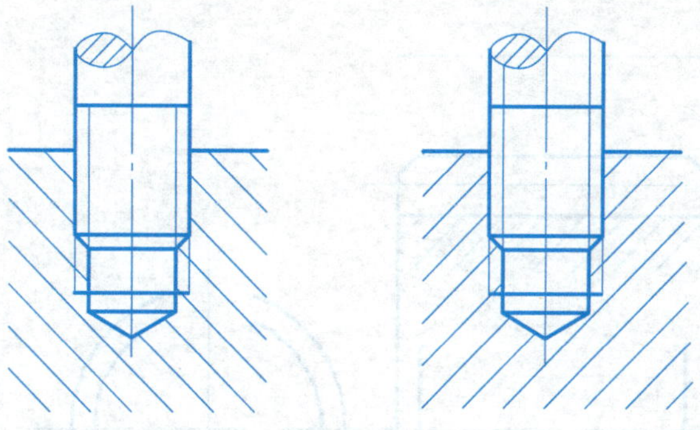

(a)　(b)

4. 关于螺孔和圆孔正交的相贯线的画法（简化画法），正确的是（　　）。

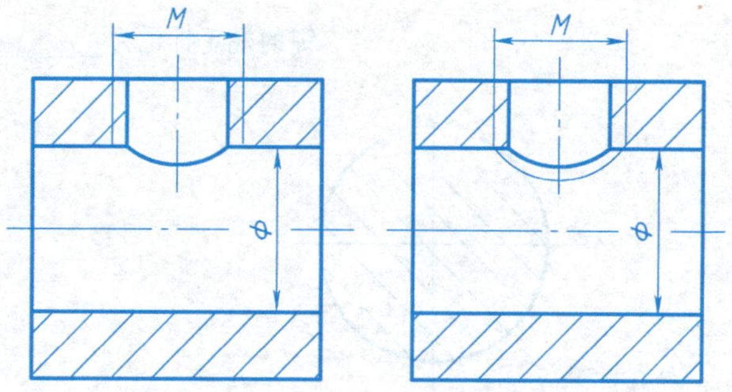

(a)　(b)

2. 关于螺纹的画法，正确的是（　　）。

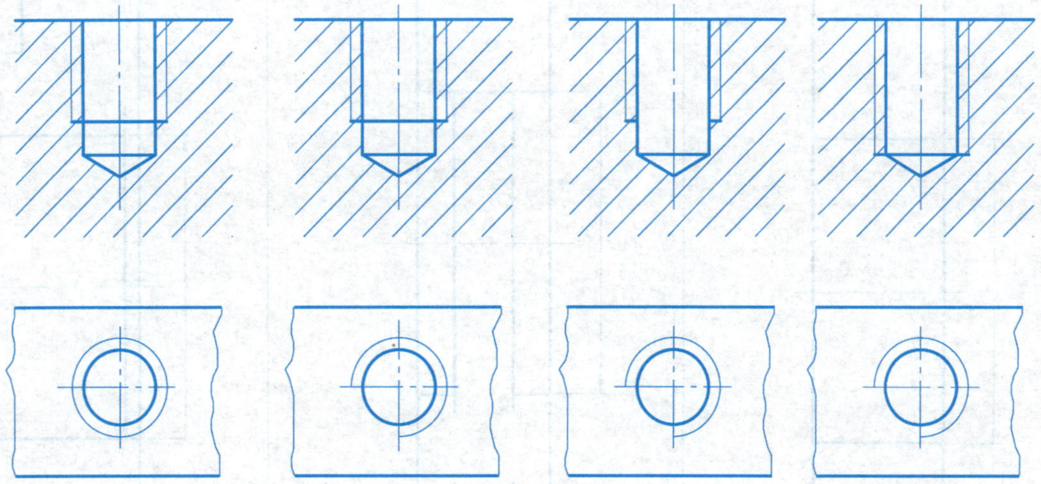

(a)　(b)　(c)　(d)

5. 下列四组螺钉的画法，正确的是（　　）。

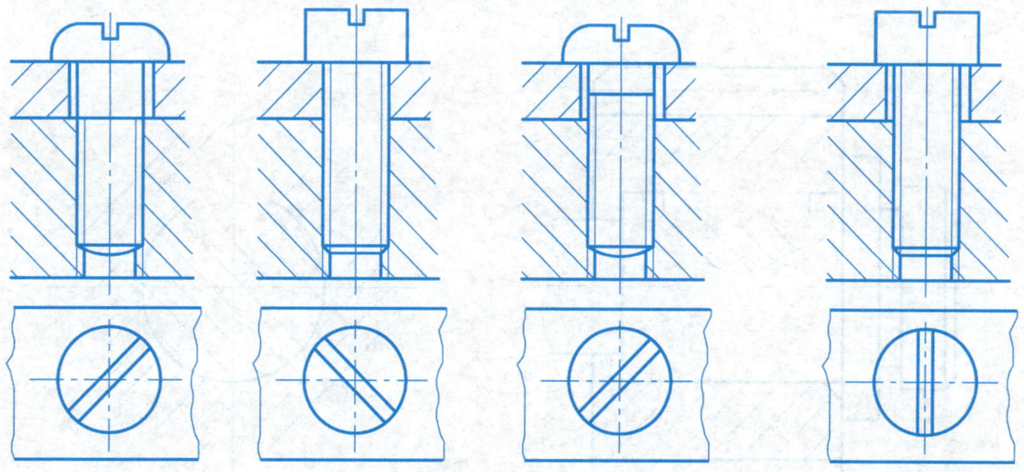

(a)　(b)　(c)　(d)

班级		学号		姓名		审阅		成绩	

1. 已知齿轮和轴，用 A 型普通平键联接，轴的直径为 25mm，键的长度为 20mm。

1）写出键的规定标记；

2）查表确定键和键槽的尺寸，用 1:1 补全下列各视图和断面图，并标注键槽的尺寸。

键的规定标记为＿＿＿＿＿＿＿＿＿＿

2. 销联接

（1）选出适当长度的 $\phi5$ 圆锥销，画出销联接的装配图，并写出销的规定标记。

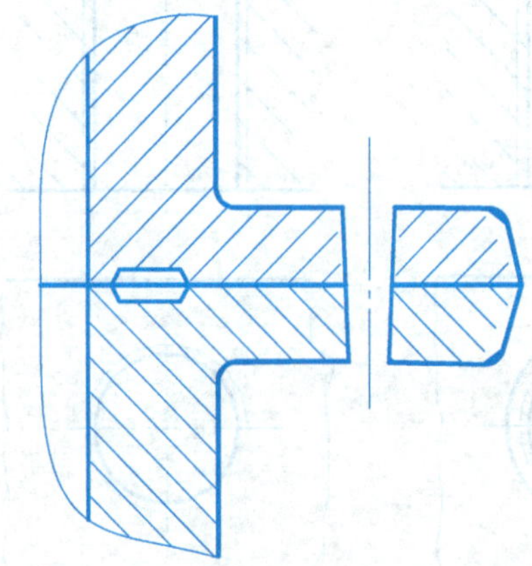

规定标记为＿＿＿＿＿＿＿＿＿＿

（2）选出适当长度的 $\phi6$ 圆柱销，画出销联接的装配图，并写出销的规定标记。

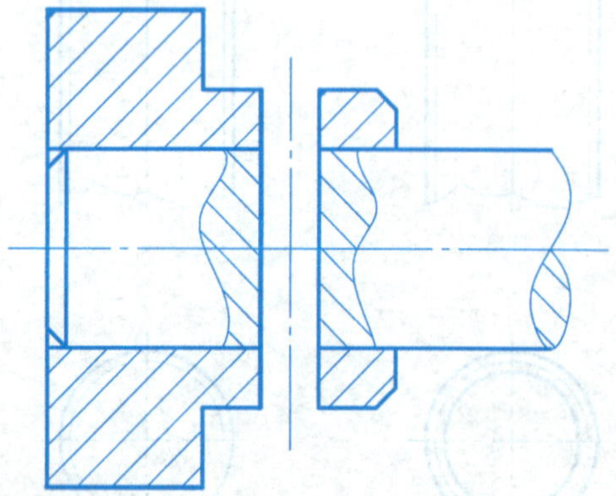

规定标记为＿＿＿＿＿＿＿＿＿＿

3. 查表，用规定画法画出指定的滚动轴承，并在图上标注尺寸。

（1）深沟球轴承

6208 GB/T 276—1994

（2）单向推力球轴承

51208 GB/T 301—1995

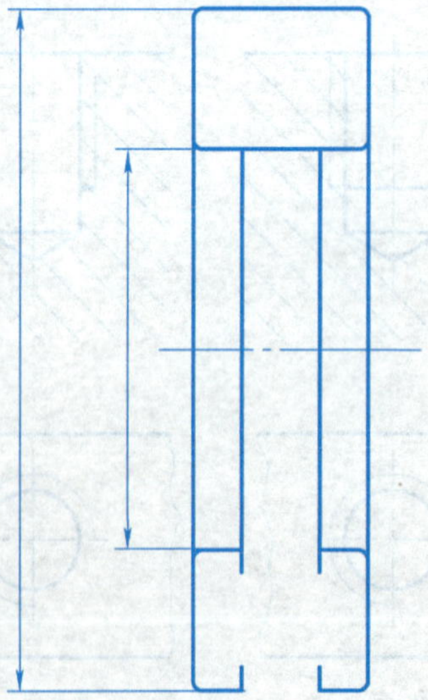

（3）圆锥滚子轴承

32208 GB/T 297—1994

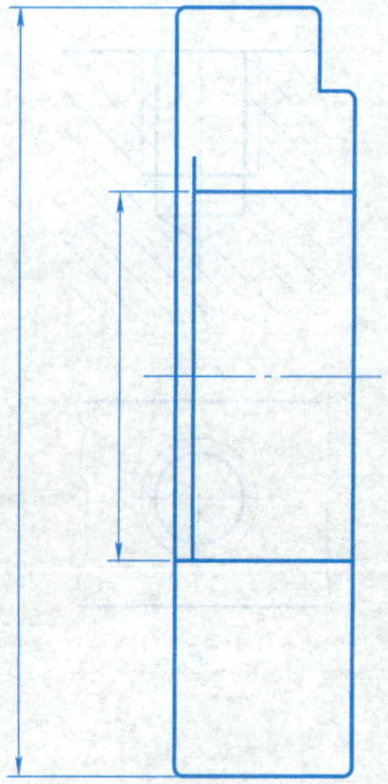

	班级		学号		姓名		审阅		成绩	

1. 某直齿圆柱齿轮因严重磨损，需要根据实物画出零件图后再做一件。经实际测量，其齿顶圆直径为 ϕ113.67mm，齿数 $z=55$，试计算出近似的模数值后，查表选定最接近的标准模数，再用标准模数算出无磨损量的齿顶圆、齿根圆和分度圆的设计直径，将其数值填入零件图，并将模数的标准值填入右上角的参数栏。根据内孔直径 ϕ32，查表确定键槽尺寸后填入零件图。

模数	m	
齿数	z	55
压力角	α	20°
精度等级	9-7-7GM	

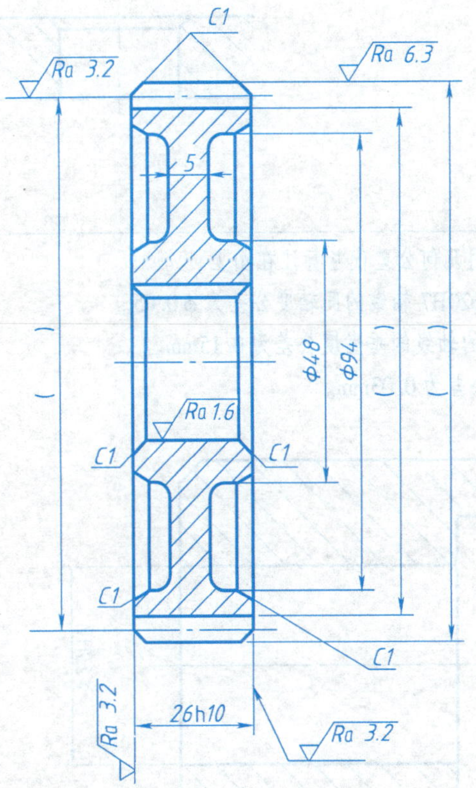

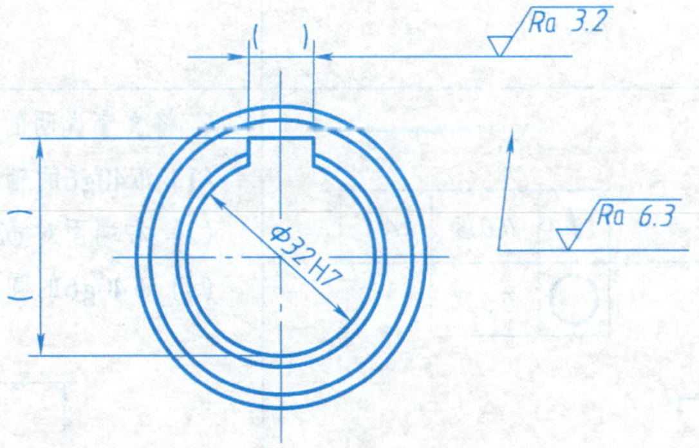

2. 已知大齿轮模数 $m=6$，齿数 $z=25$，两齿轮的中心距为 108mm，试计算大小两齿轮的分度圆、齿顶圆和齿根圆直径及传动比，用 1:2 的比例完成下列两视图。

分度圆直径

$d_1=$

$d_2=$

齿顶圆直径

$d_{a1}=$

$d_{a2}=$

齿根圆直径

$d_{f1}=$

$d_{f2}=$

$i=$

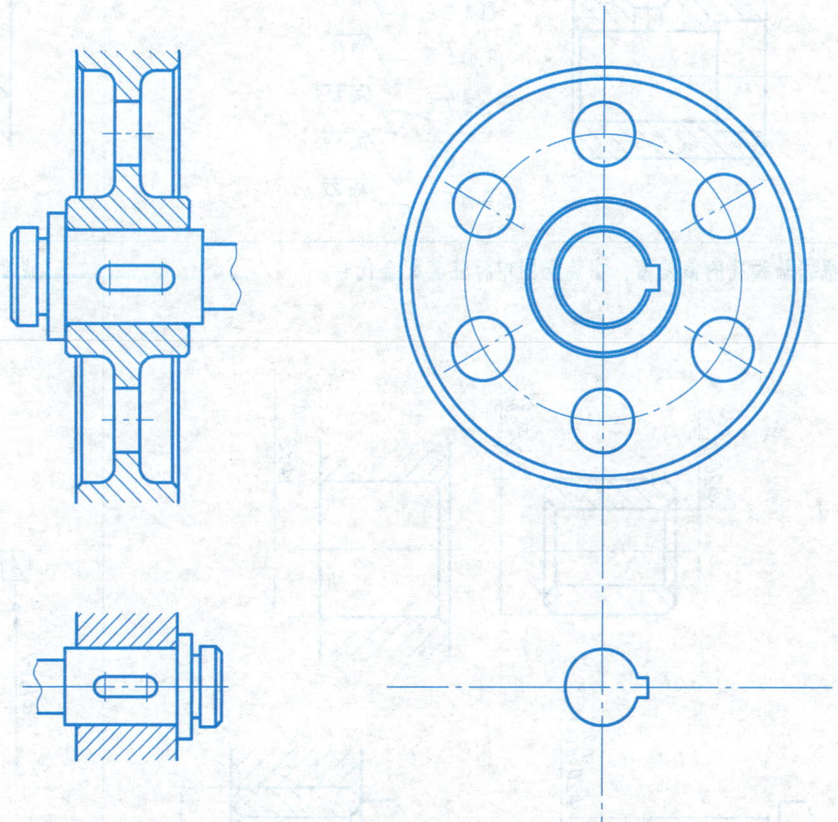

班级		学号		姓名		审阅		成绩	

9-1 按要求标注表面粗糙度、尺寸公差与配合

1. 在图中标注各表面的表面粗糙度代号。

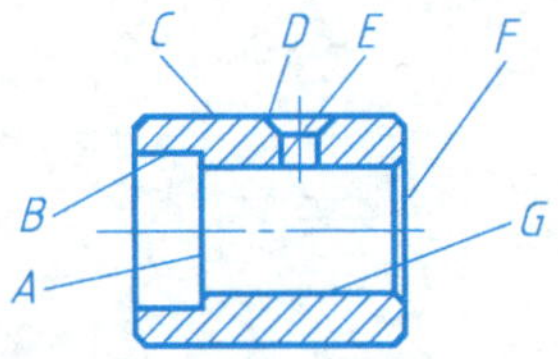

表面粗糙度

面A为 Ra 3.2

面B为 Ra 3.2

面C为 Ra 6.3

锥孔D为 Ra 3.2

孔面E为 Ra 12.5

面F为 Ra 12.5

面G为 Ra 1.6

其余面E为 Ra 25

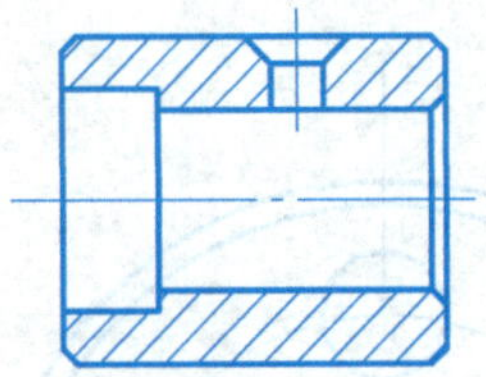

2. 已知孔的基本尺寸为 ϕ30，基本偏差代号为 H，公差等级为 IT7；轴的基本尺寸为 ϕ20，基本偏差代号为 f，公差等级为 IT7。

1）孔的上极限偏差______，下极限偏差______公差______。

2）轴的上极限偏差______，下极限偏差______公差______。

3）以极限偏差形式标注孔、轴的尺寸。

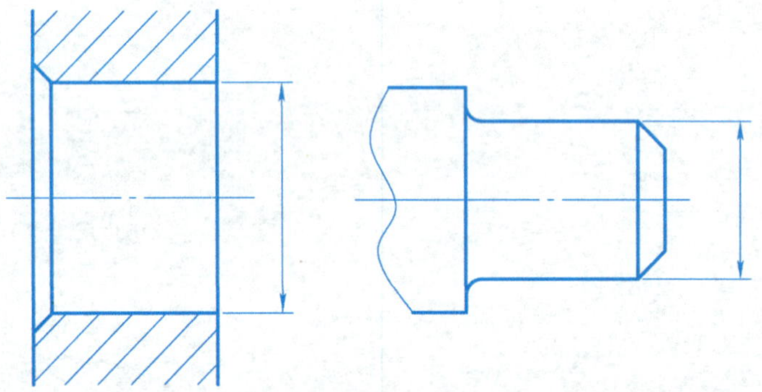

3. 根据配合代号，在零件图上分别标出轴和孔的极限偏差值，并指出是何类配合。

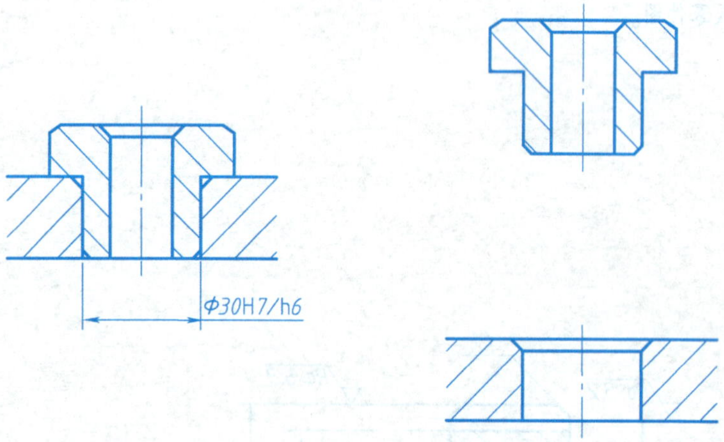

4. 根据轴和孔的偏差值，在装配图中标注其配合代号。

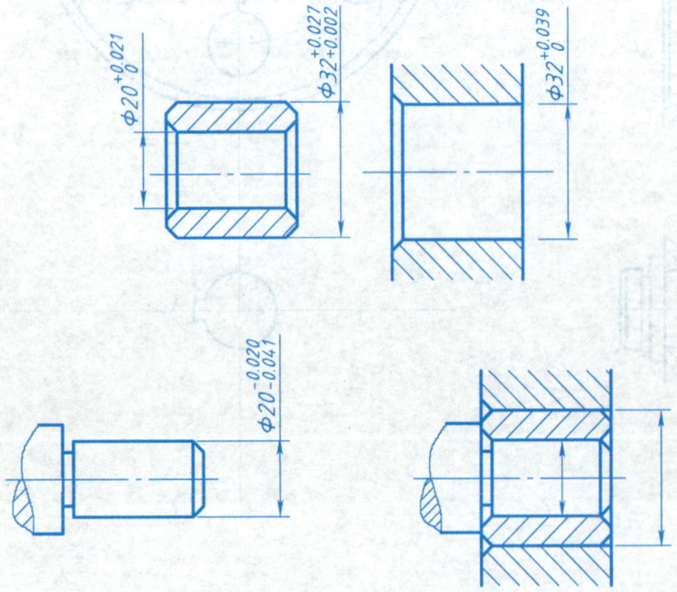

5. 说明图中标注的几何公差框格的含义。

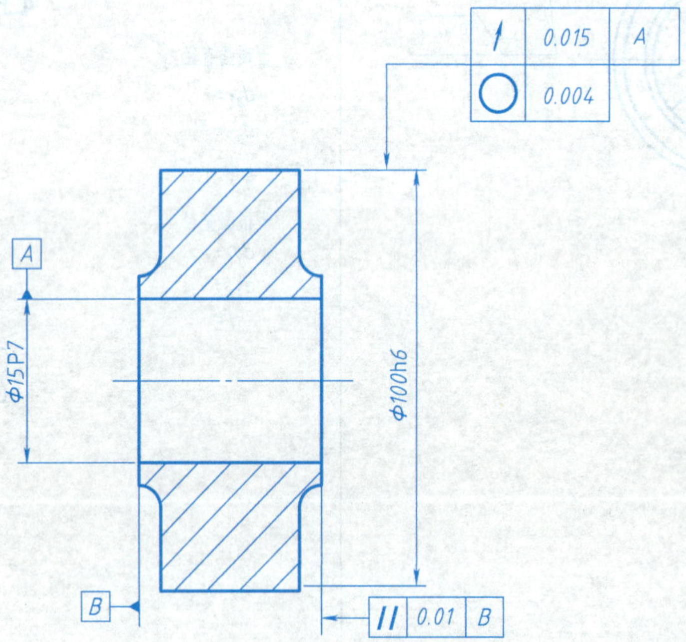

6. 将文字说明的含义用几何公差代号标注在图上。

(1) ϕ40g6的轴线对 ϕ20H7 轴线的同轴度公差为 ϕ0.05。

(2) 右端面对 ϕ20H7 的轴线的垂直度公差为 0.15mm。

(3) ϕ40g6的圆柱度公差为 0.03mm。

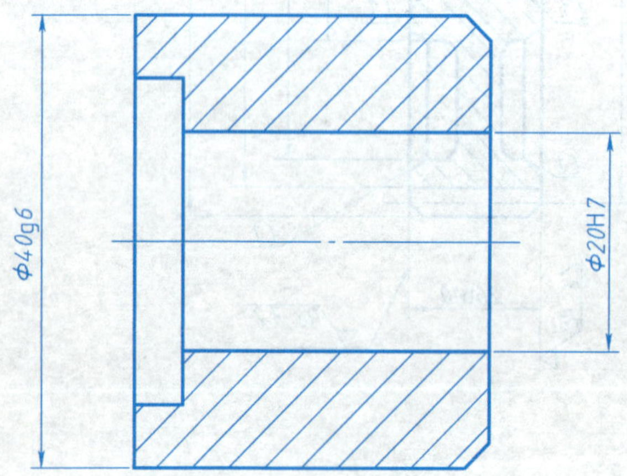

	班级		学号		姓名		审阅		成绩	

9-2 画出下列零件的零件图，学完第十二章后，任选两题绘零件的三维图形

1.

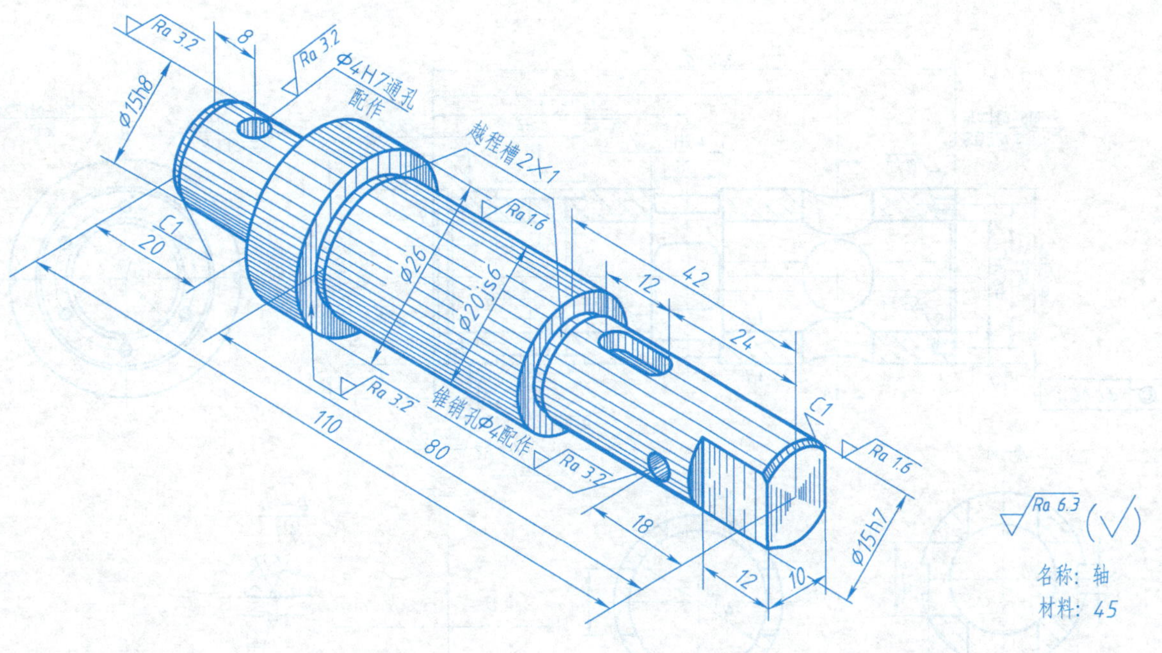

2.

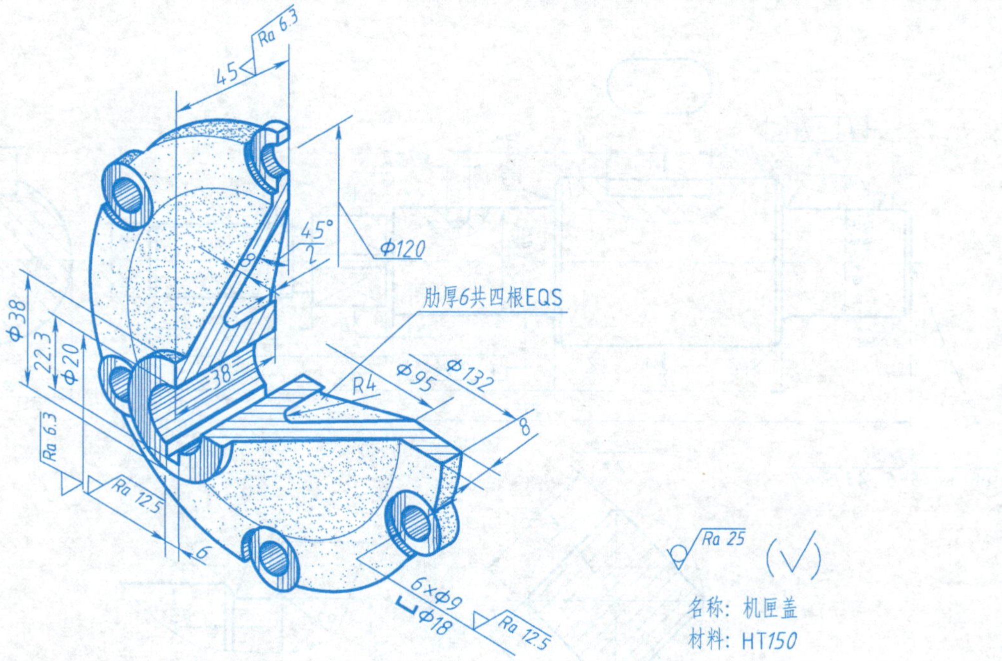

3.

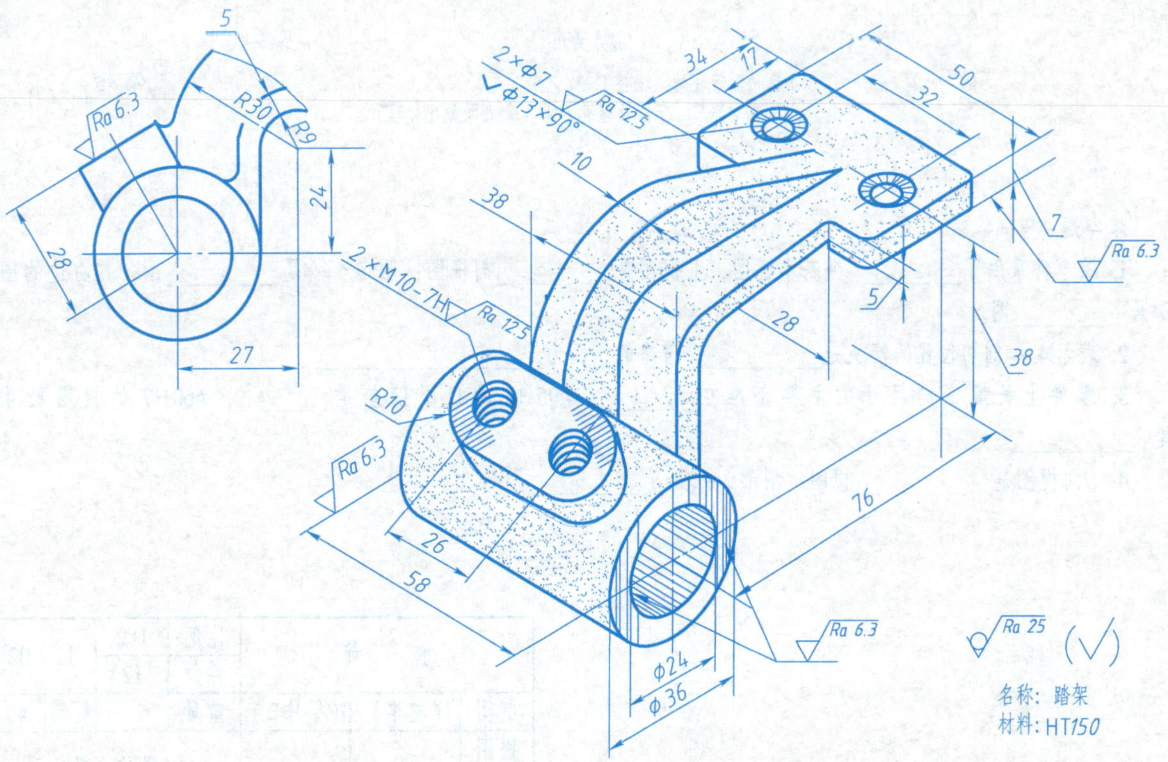

4.

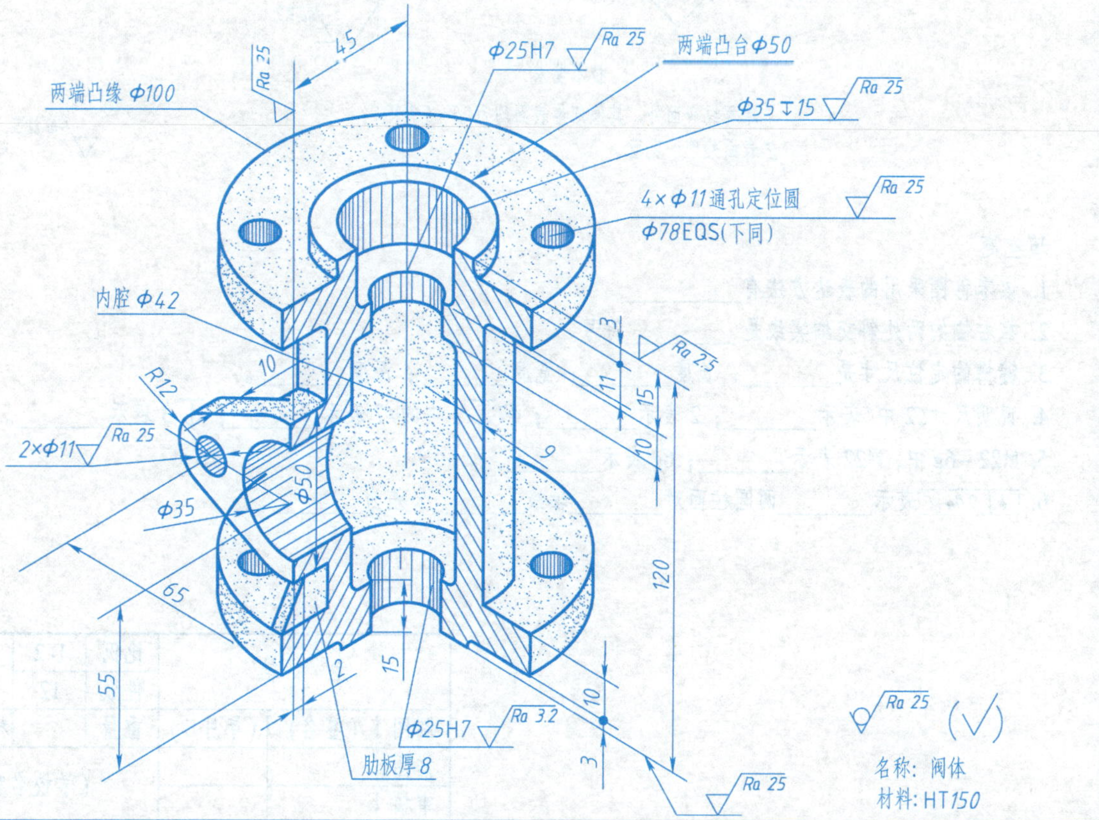

班级		学号		姓名		审阅		成绩	

9-3 看零件图填空，并抄画其中一题

1. 看懂零件图，想象该零件的结构形状，完成填空题。

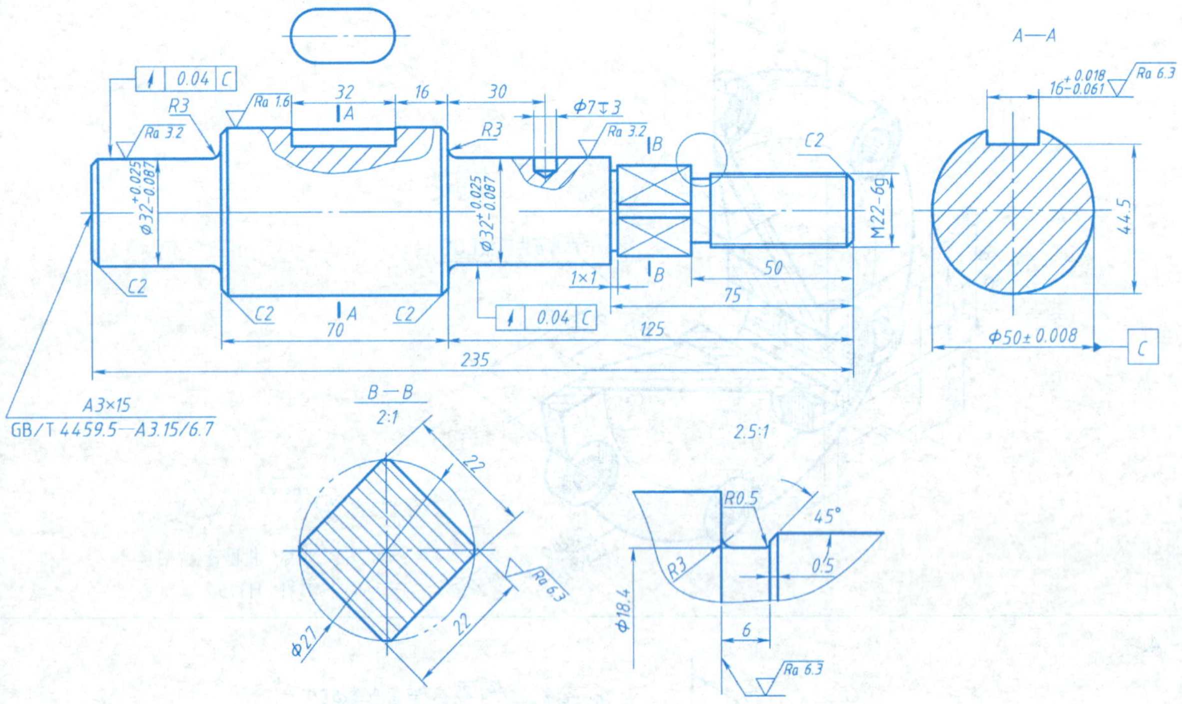

技术要求

1.除螺纹表面外，其他部件表面均为45~50HRC。

2.表面处理：发蓝。

填空题

1. 该零件图采用的表达方法有______。
2. 靠右侧的两处斜交细实线是______符号。
3. 键槽的定位尺寸是______；长度______；宽度______；深度______。
4. 说明尺寸C2 中C表示______；2 表示______；ϕ7↧3 中的ϕ7 表示______；↧3 表示______。
5. M22－6g 中，M22 表示______；6g 表示______。
6. [↗ | 0.04 | C] 表示______两圆柱面对______轴线______公差为______。

主　轴			比例	1:2	12－02	
			件数	12		
制图	（签名）	（年月日）	重量		材料	45
描图			（学校名称）			
审核						

2. 看懂轴套类零件的结构形状，完成填空题并画出E—E 断面图。

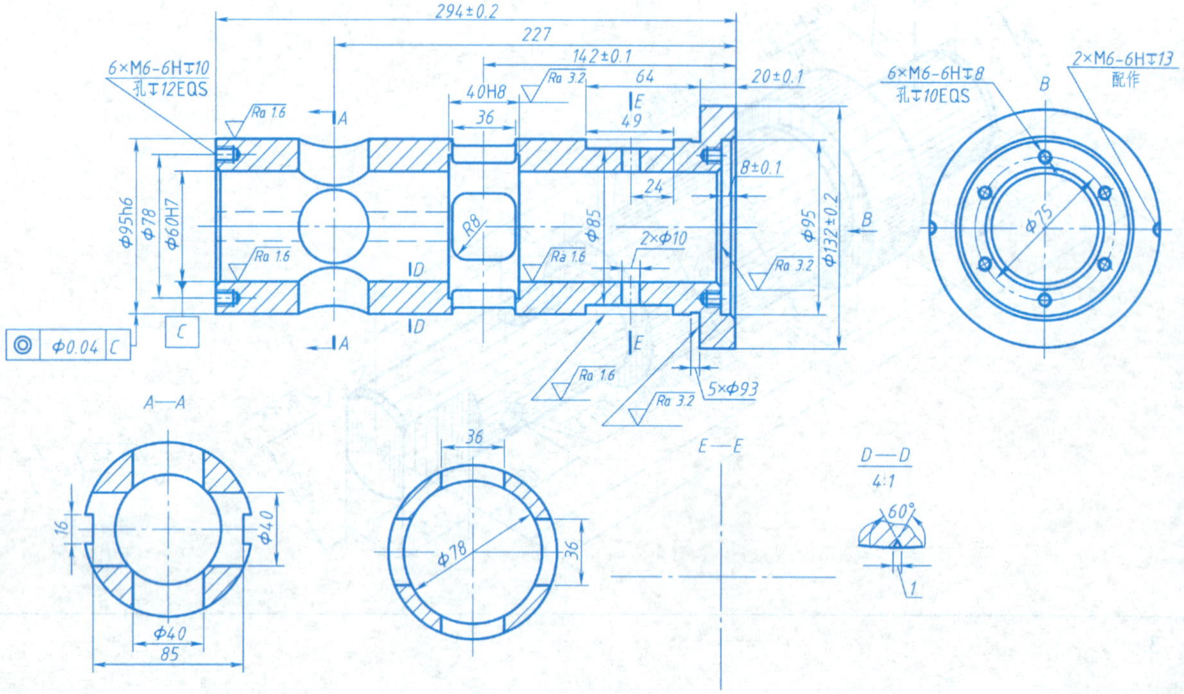

技术要求

1.锐边除净飞边；未注倒角C2.5。

2.除右端面F、G 面及螺孔外，其余表面氮化处理。

填空题

1. 该零件采用了______个基本视图，主视图是______剖视图；图中A—A是______图，其右边的图形是______图。
2. 表示A—A剖切位置的箭头是______省略的，因为______。
3. 零件上长度方向尺寸的主要基准在______；ϕ95H6 的极限偏差是______；ϕ60H7 的极限尺寸是______。
4. B向视图是______视图；图形D—D是______。

套　筒			比例	1:2	12－02	
			件数	12		
制图	（签名）	（年月日）	重量		材料	45
描图			（学校名称）			
审核						

班级		学号		姓名		审阅		成绩	

1. 看懂零件图，想象该零件的结构形状，完成填空题并画出右视图。

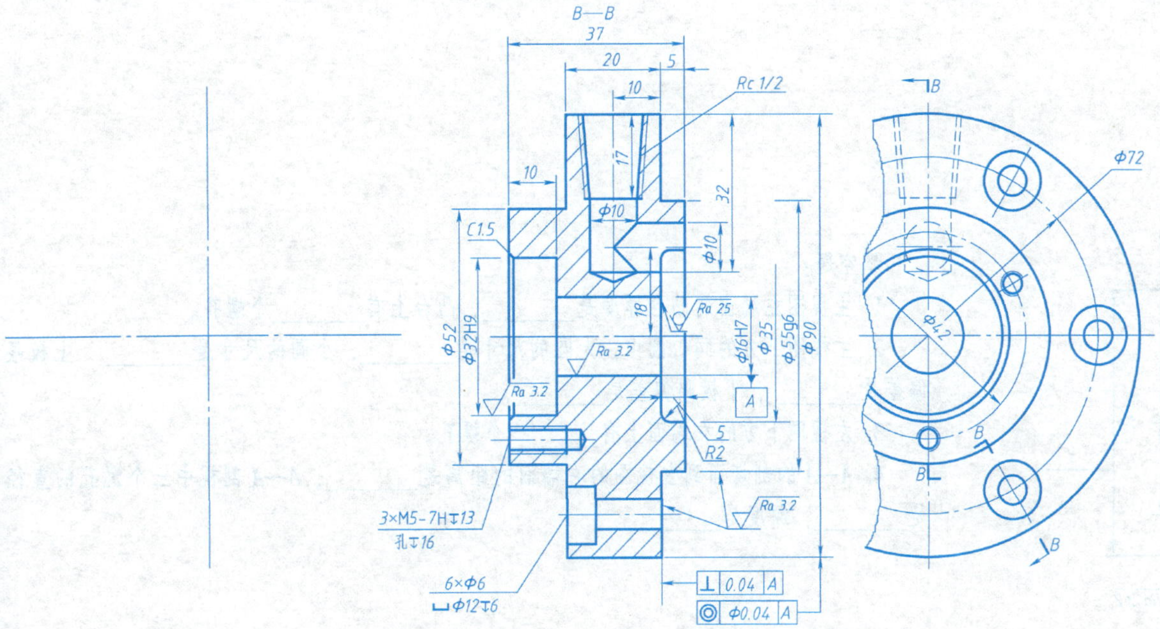

技术要求

1.铸件不得有砂眼、裂纹。
2.锐边倒角C1。
3.全部螺纹均有C1.5的倒角。
4.铸件应作时效处理。

Ra 12.5 (√)

填空题：

1. 零件的主视图是______剖视图。采用的是______的剖切平面。
2. 零件的长度方向尺寸的主要基准在______侧，是长度为______圆柱体的______端面。
3. 零件上有______处几何公差，它们的名称是______度和______度，基准是______。
4. 该零件左端面凸缘有______个螺孔，公称直径是______，螺纹长度是______。
5. 该零件左端面有______个沉孔，尺寸是______。

端　盖			比例	1:1	13-103	
			件数	1		
制图	（签名）	（年月日）	重量		材料	HT150
描图			（学校名称）			
审核						

2. 读零件图，补画俯视图和标明长、宽、高三个方向的主要尺寸基准，并完成填空题。

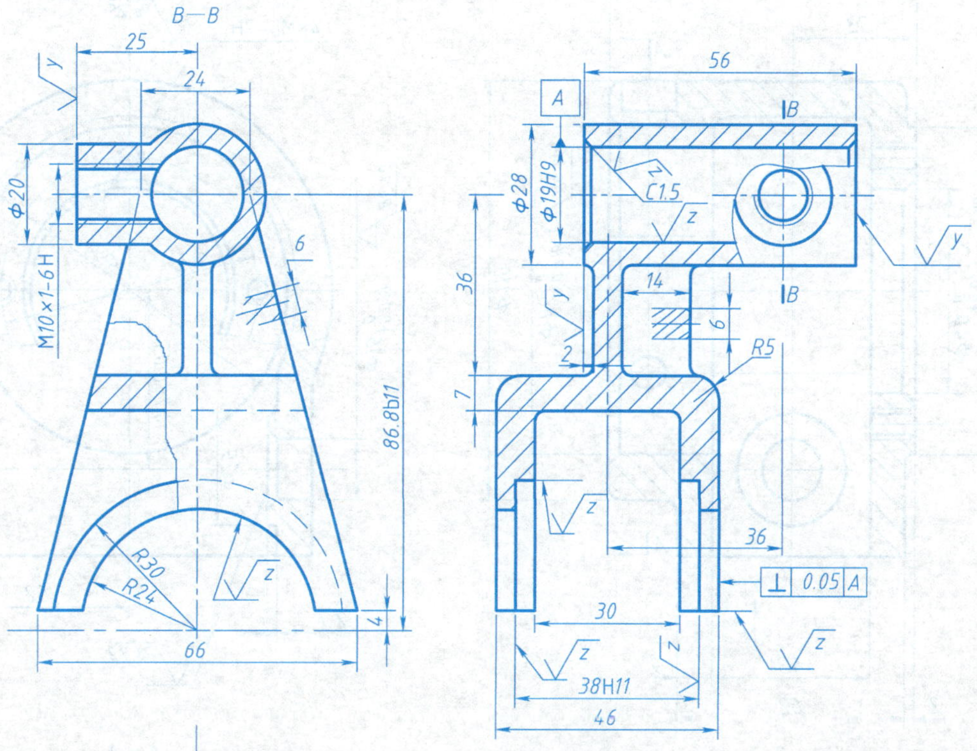

√z = Ra 6.3

√y = Ra 12.5

技术要求

1.未注圆角为R3～R5。
2.铸件不得有气孔、砂眼等缺陷。
3.铸件应退火处理。

Ra 25 (√)

填空题：

1. 38H11 表示基本尺寸是______，公差带代号______，公差等级______，基本偏差代号是______，下极限偏差为______；
2. M10×1-6H 是______螺纹，螺距是______mm，6H 是______的公差带代号。

拨　叉			比例	1:1	14-102	
			件数	1		
制图	（签名）	（年月日）	重量		材料	HT200
描图			（学校名称）			
审核						

班级		学号		姓名		审阅		成绩	

9-5 看懂泵体零件图，想象零件的结构形状，完成填空题

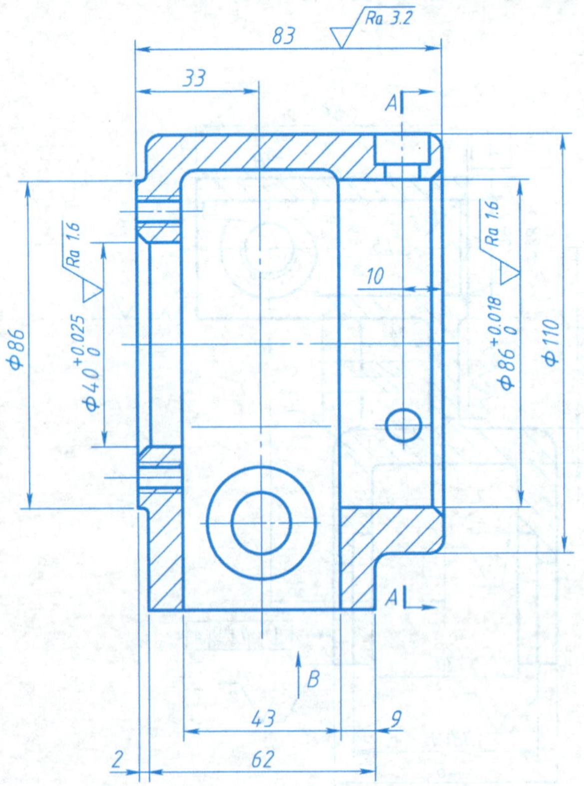

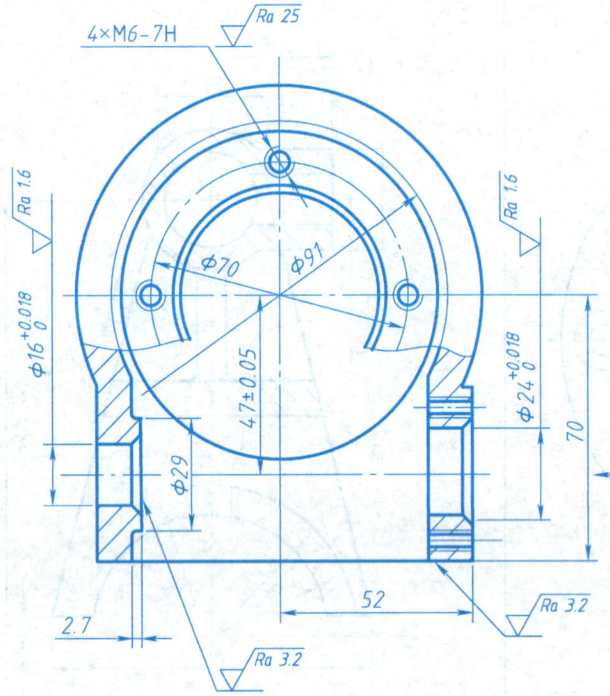

填空题：

1. 主视图左端面的凸台厚度是______，凸台上有______个螺孔。
2. 主视图下方的同心圆中，大圆的尺寸是______，小圆的尺寸是______，上极限偏差是______，下极限偏差是______。
3. 左视图下方的右端面上有______个螺孔。
4. A—A 的剖切面到主视图的右端面的距离是______，A—A 剖视中三个沉孔的直径是______，深度是______。

B

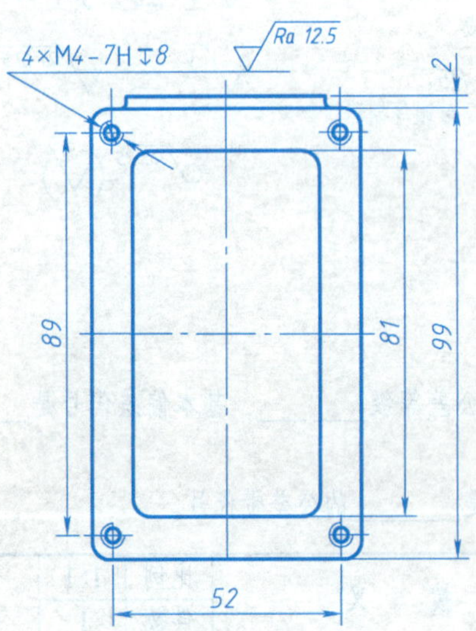

A—A

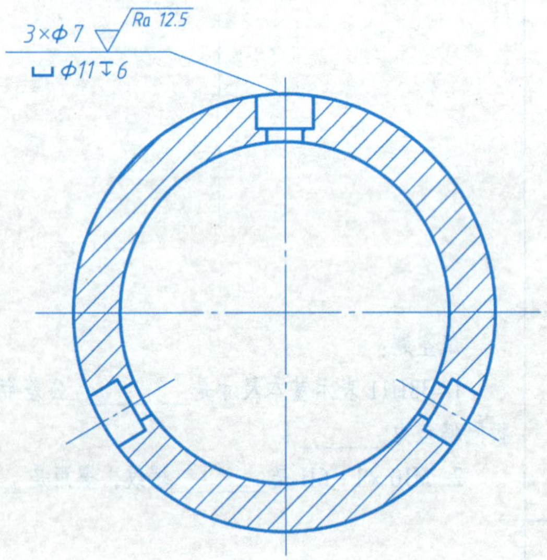

C

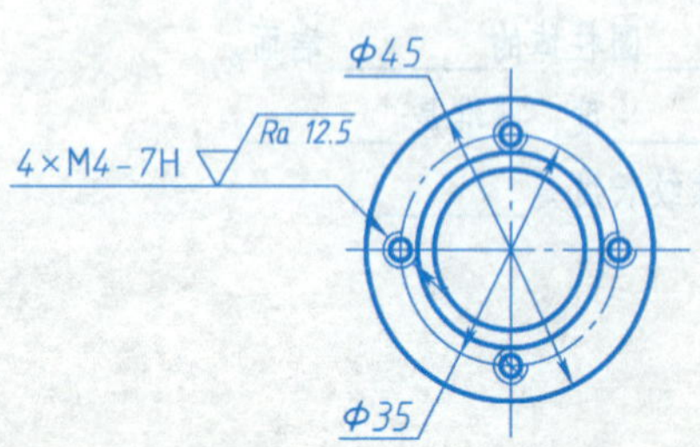

技术要求
1.未注倒角R3。
2.未注倒角C1。

$\sqrt{}$ ($\sqrt{}$)

泵　体			比例		18－02
			件数	1	
制图	（签名）	（年月日）	重量	材料	HT200
描图			（学校名称）		
审核					

班级		学号		姓名		审阅		成绩	

9-6 看懂底座零件图，完成填空题并补全左视图和 A—A 断面图

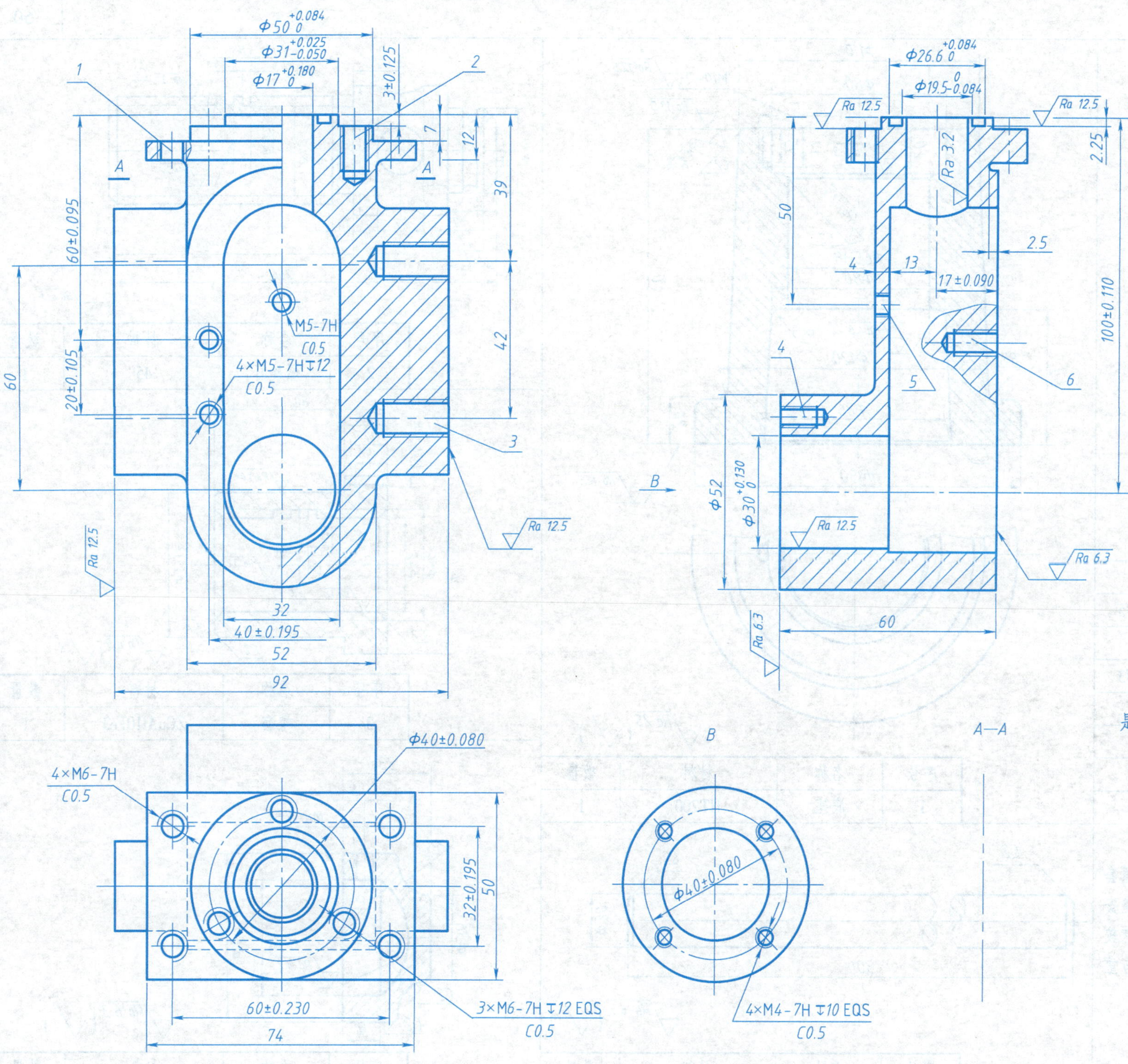

左视图(外形)

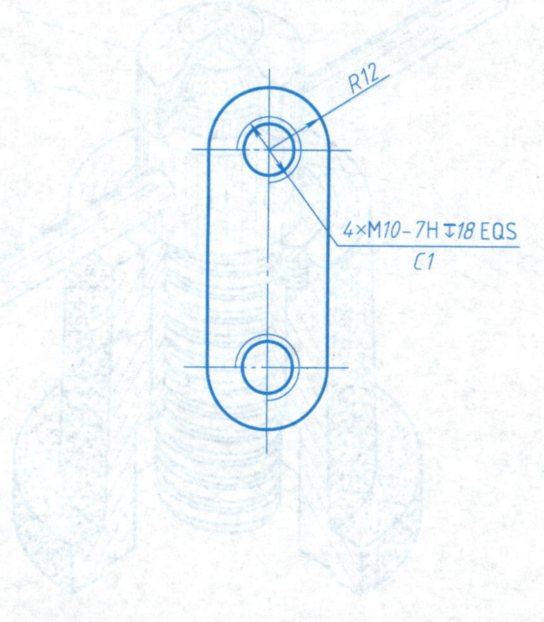

填空题:

1. 主视图是________剖视图，左视图是________剖视图。
2. 1～6 处的螺纹数量分别是____________________。公称直径分别是____________________。
3. 在图中指出长、宽、高方向的主要尺寸基准。

技术要求

1. 未注圆角 R3。
2. 铸件不得有砂眼、气孔、裂纹等缺陷。
3. 起模斜度 1:50。
4. 除加工表面外，表面涂深灰色皱纹漆。
5. 螺纹MRR表面粗糙度 Ra 为12.5μm。

Ra 25 (√)

底　座			比例	1:1	20－02	
			件数	1		
制图	(签名)	(年月日)	重量		材料	HT200
描图			(学校名称)			
审核						

班级		学号		姓名		审阅		成绩	

10-1 根据千斤顶轴测图和零件图拼画装配图

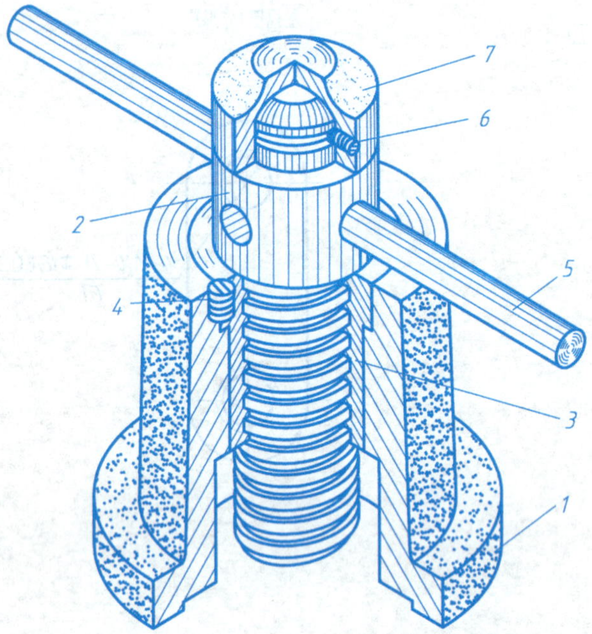

7	顶垫	1	35	
6	螺钉 M8×12	1		GB/T 75
5	铰杠	1	Q235A	
4	螺钉 M10×12	1		GB/T 73
3	螺套	1	ZCuAl10Fe3	
2	螺旋杆	1	45	
1	底座	1	HT200	
序号	名 称	件数	材 料	备注

工作原理：

千斤顶是简单起重工具，工作时，用可调节力臂长度的铰杠带动螺旋杆在螺套中作旋转运动，螺旋作用使螺旋杆上升，装在螺旋杆头部的顶垫顶起重物，骑缝安装的螺钉 M8 阻止螺套回转，顶垫与螺旋杆头部以球面接触，其内径与螺旋杆有较大间隙，既可减小摩擦力不使顶垫随同螺旋杆回转，又可自调心使顶垫上平面与重物贴平；螺钉 M8 可防止顶垫脱出。

作业要求：

根据轴测图和零件图，了解部件的装配顺序，用 1:1 的比例在 A3 图纸上画出装配图。

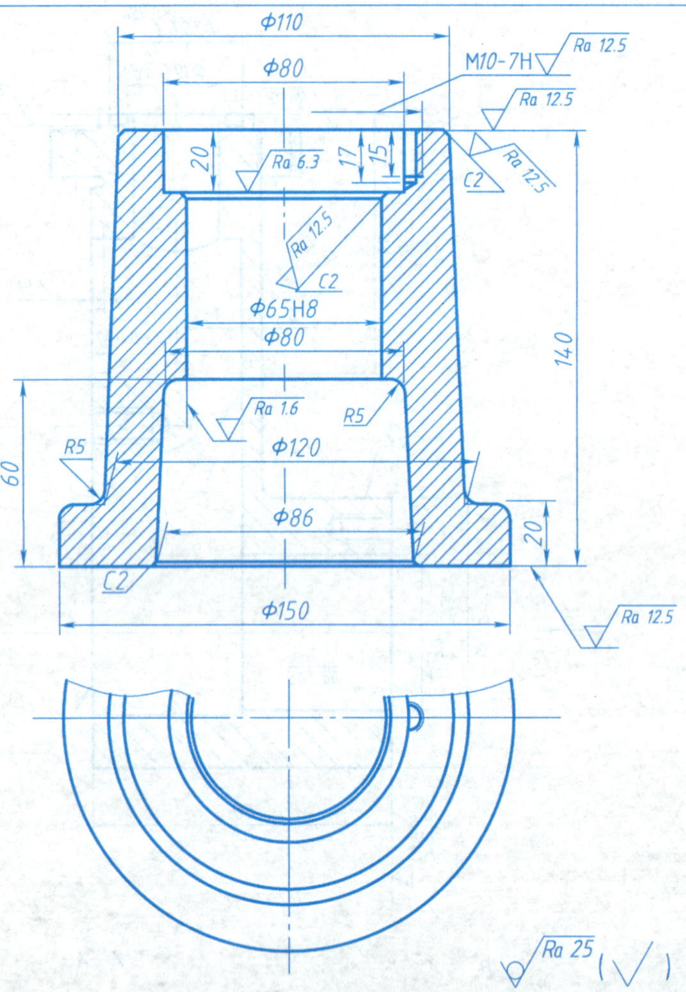

序号	名称	材料	数量
1	底座	HT200	1

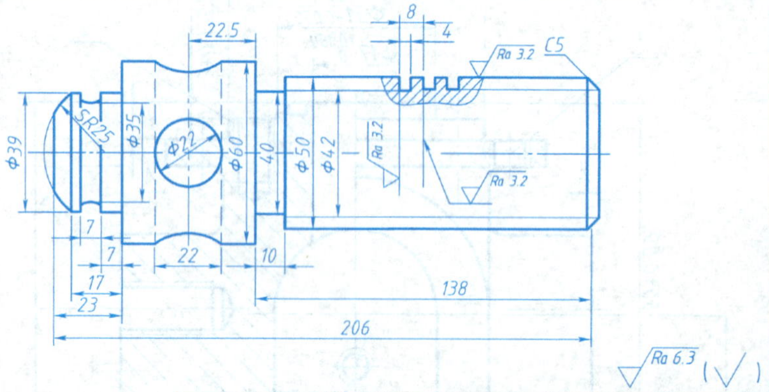

序号	名称	材料	数量
2	螺旋杆	45	1

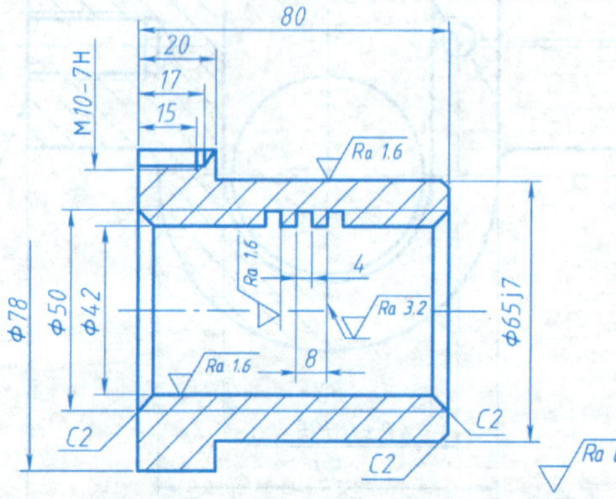

序号	名称	材料	数量
3	螺套	ZCuAl10Fe3	1

序号	名称	材料	数量
5	铰杠	Q235A	1

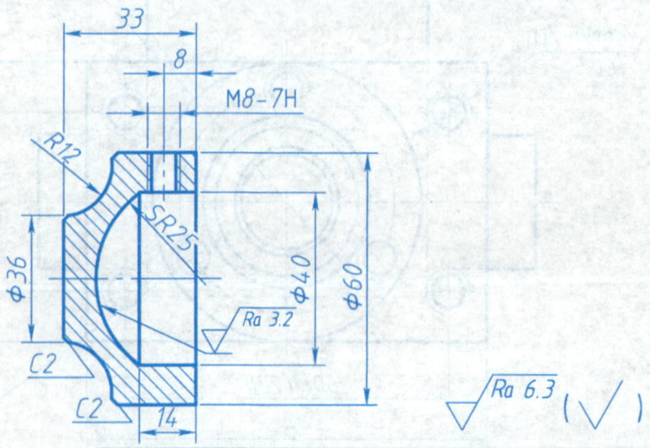

序号	名称	材料	数量
7	顶垫	35	1

班级		学号		姓名		审阅		成绩	

铣刀头装配示意图

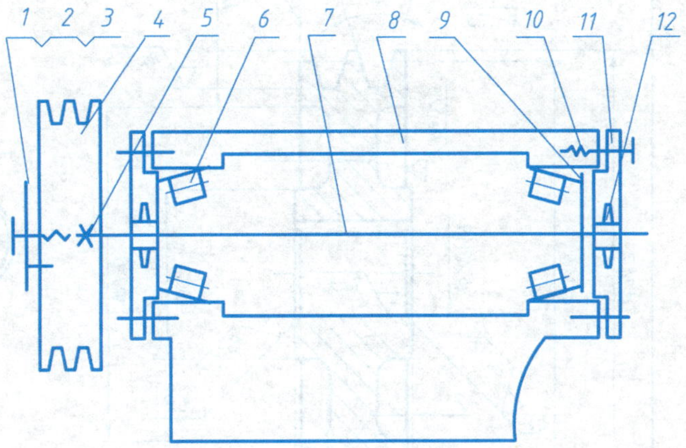

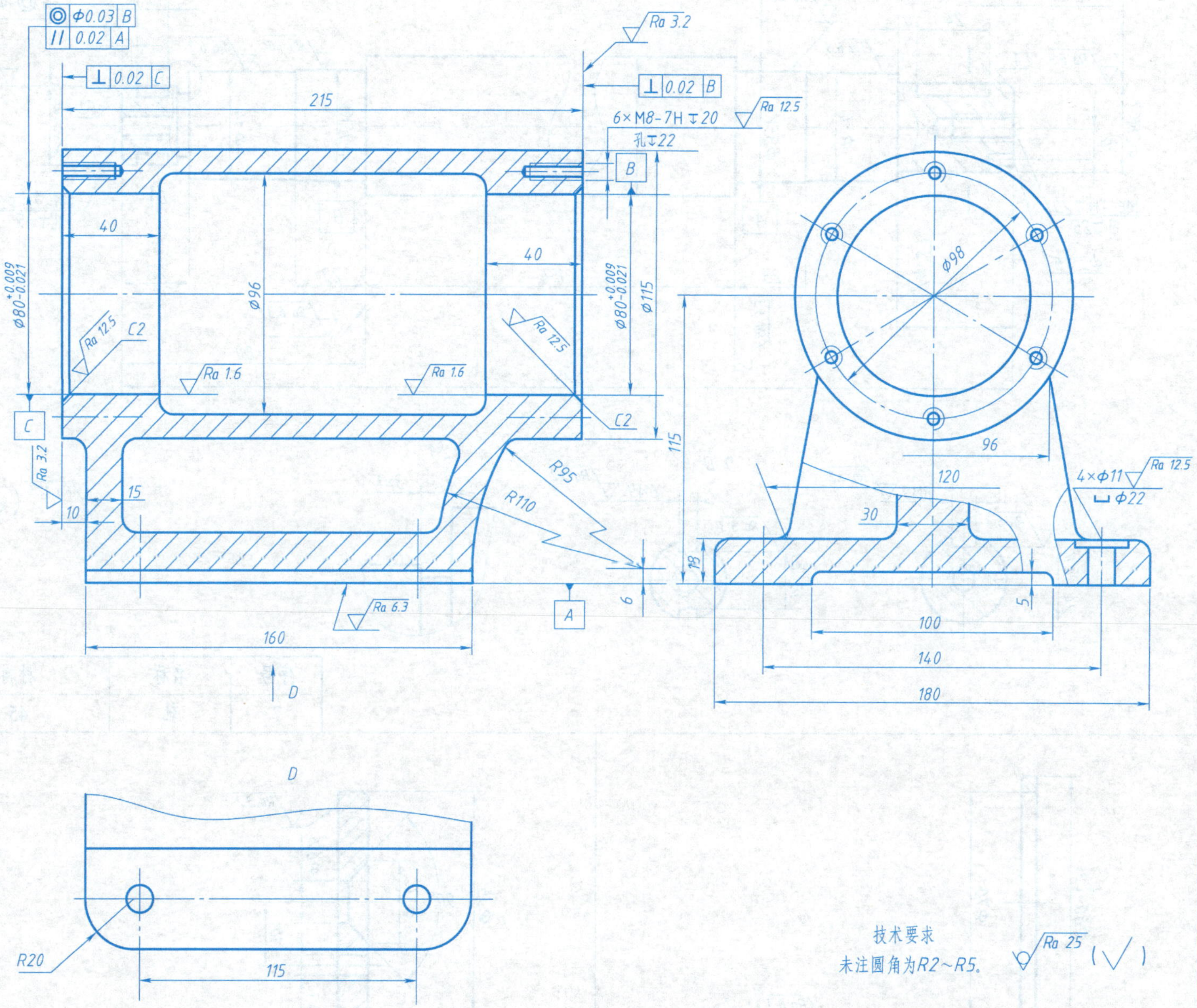

序号	名称	件数	材料	备注
12	毡圈	2	羊毛毡	
11	端盖	2	HT200	
10	螺钉	12	35	GB/T 70 – M8
9	调整环	1	35	
8	座体	1	HT200	
7	轴	1	45	
6	轴承	2	GCr15	30307GB/T 297
5	键 8×10×20	1	45	GB/T 1096
4	带轮	1	HT200	
3	销 3M6×10	1	35	GB/T 119
2	螺钉	1	35	GB/T 68 – M6
1	挡圈	1	35	

铣 刀 头		比例		(图样代号)
		件数		
制图	(签名) (年月日)	重量		第 张 共 张
描图		(学校名称)		
审核				

序号	名称	材料	数量
8	座体	HT200	1

班级		学号		姓名		审阅		成绩	

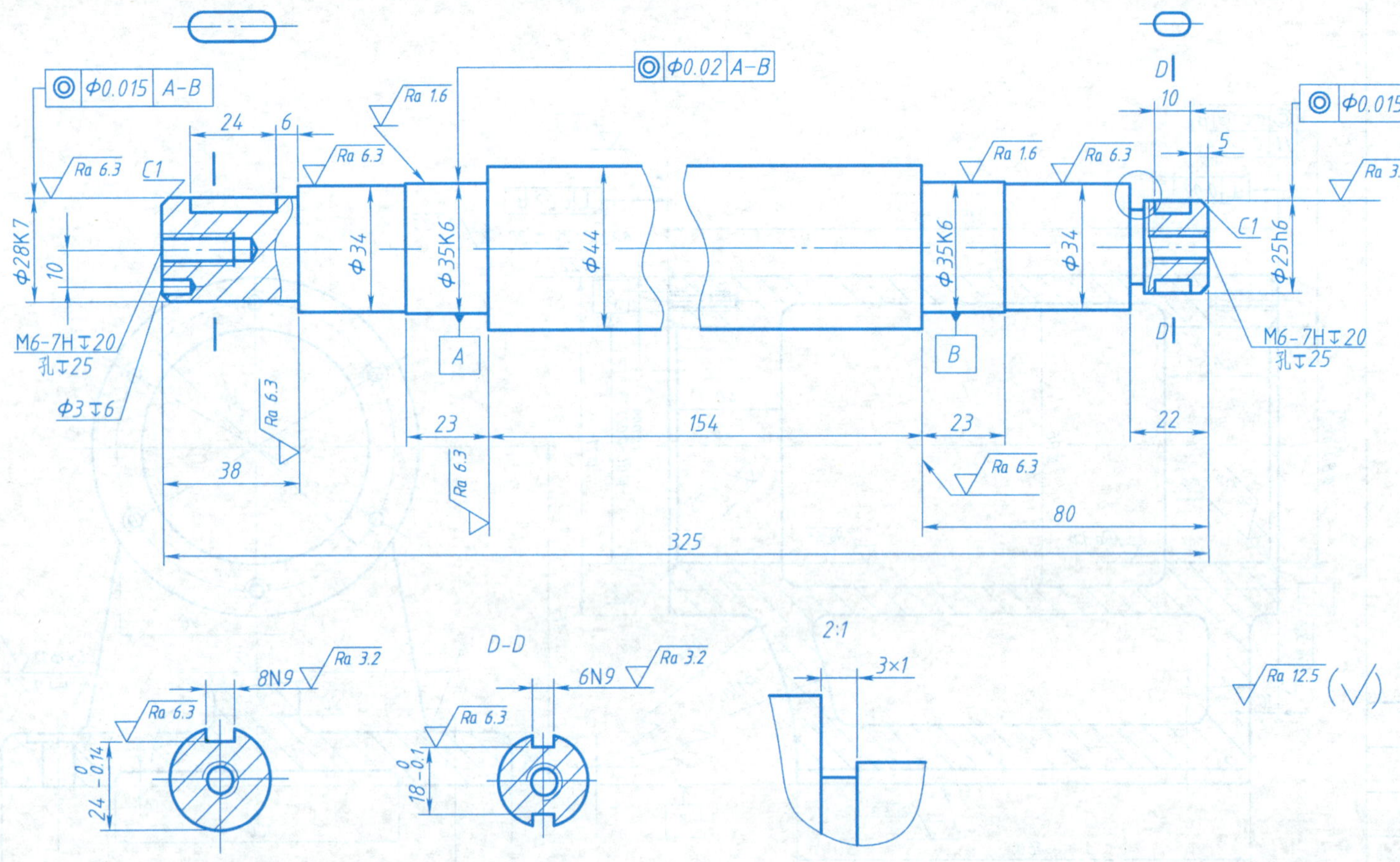

序号	名称	材料	数量
7	轴	45	1

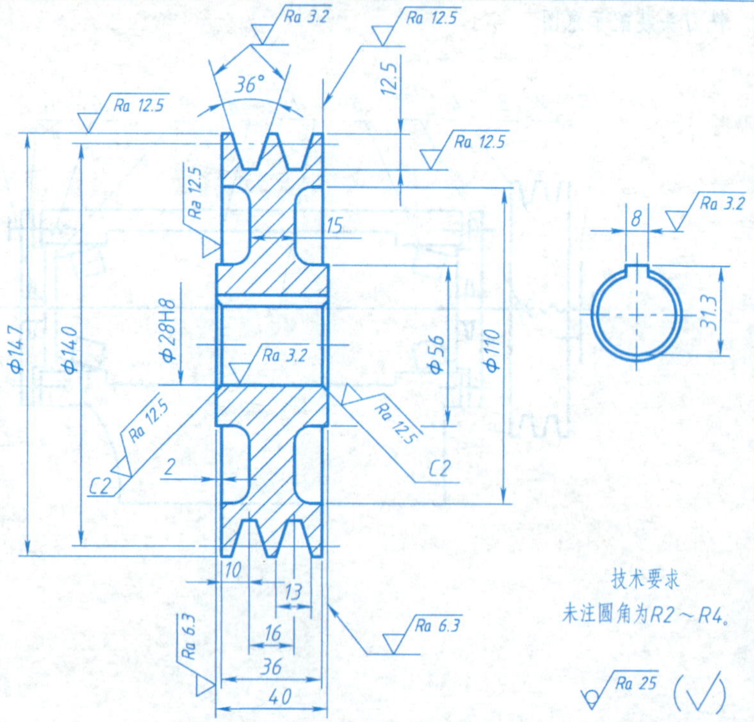

技术要求
未注圆角为R2～R4。

序号	名称	材料	数量
4	带轮	HT200	1

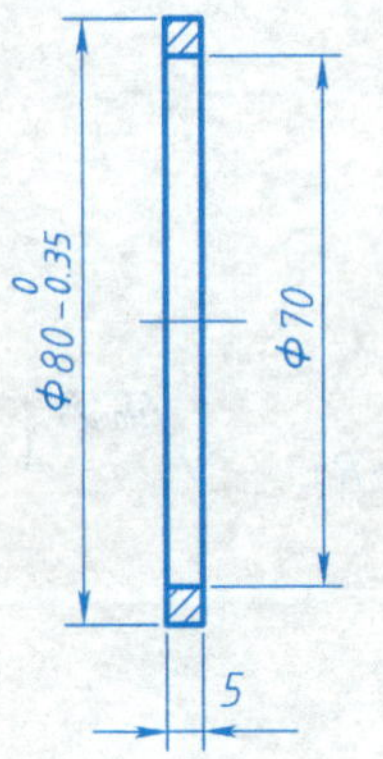

序号	名称	材料	数量
9	调整环	35	1

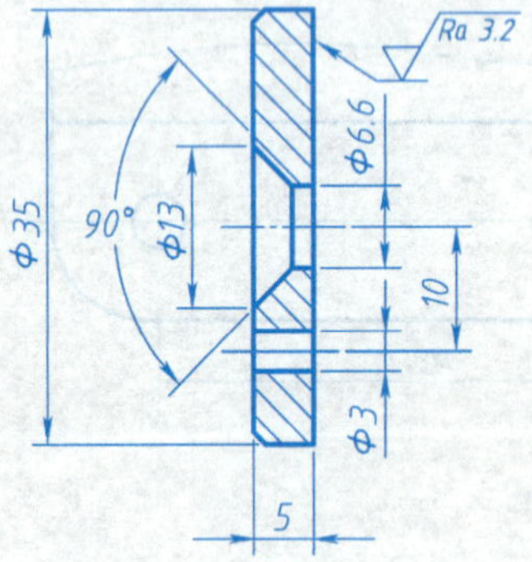

序号	名称	材料	数量
1	挡圈	35	1

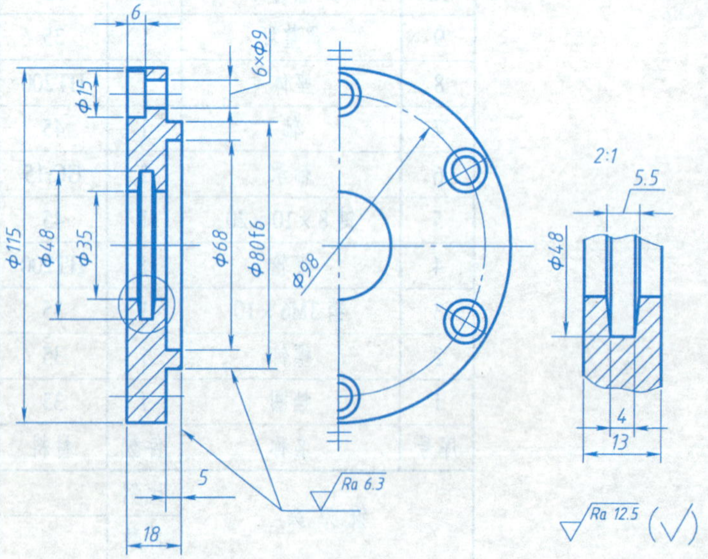

序号	名称	材料	数量
11	端盖	HT200	1

班级		学号		姓名		审阅		成绩	

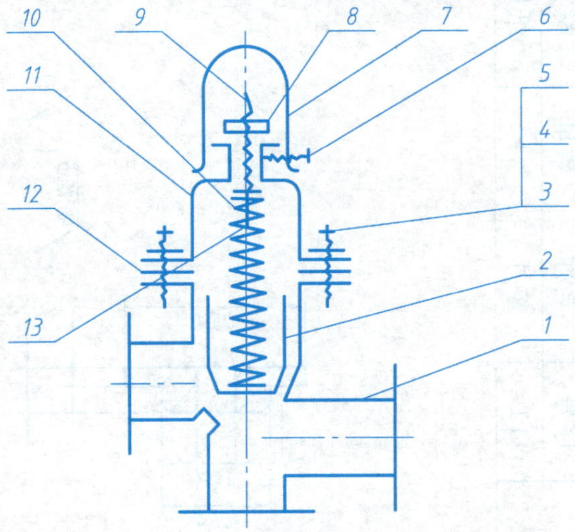

回油阀说明

回油阀是供油管路上的装置。正常工作时，阀门2靠弹簧10的压力处于关闭位置，此时油从阀体右孔流入，经阀体下部的孔进入导管。当导管中油压增高超过弹簧压力时，阀门被顶开，油就顺阀体左端孔经另一导管流回油箱，以保证管路的安全。弹簧压力的大小靠螺杆9来调节。为防止螺杆松动，在螺杆上部用螺母8并紧。罩子7用来保护螺杆，阀门两侧有小圆孔，其作用是使进入阀门内腔的油流出，阀门的内腔底部有螺孔，是供拆卸时用的，阀体1与阀盖11用4个螺柱联接，中间有垫片12以防漏油。

序号	名称	件数	材料	备注
13	弹簧垫	1	H62	
12	垫片	1	纸板	
11	阀盖	1	ZL102	
10	弹簧	1	65Mn	
9	螺杆	1	35	
8	螺母 M16	1	Q235	GB/T 170
7	罩子	1	ZL102	
6	螺钉 M16×16	1	Q235	GB/T 75
5	垫圈 12	4	Q235	GB/T 97.1
4	螺母 M12	4	Q235	GB/T 170
3	螺柱 M12×35	4	Q235	GB/T 899
2	阀门	1	Q235	
1	阀体	1	ZL102	

回油阀		比例		（图样代号）
		件数		
制图	（签名）	（年月日）	重量	共 张 第 张
描图			（学校名称）	
审核				

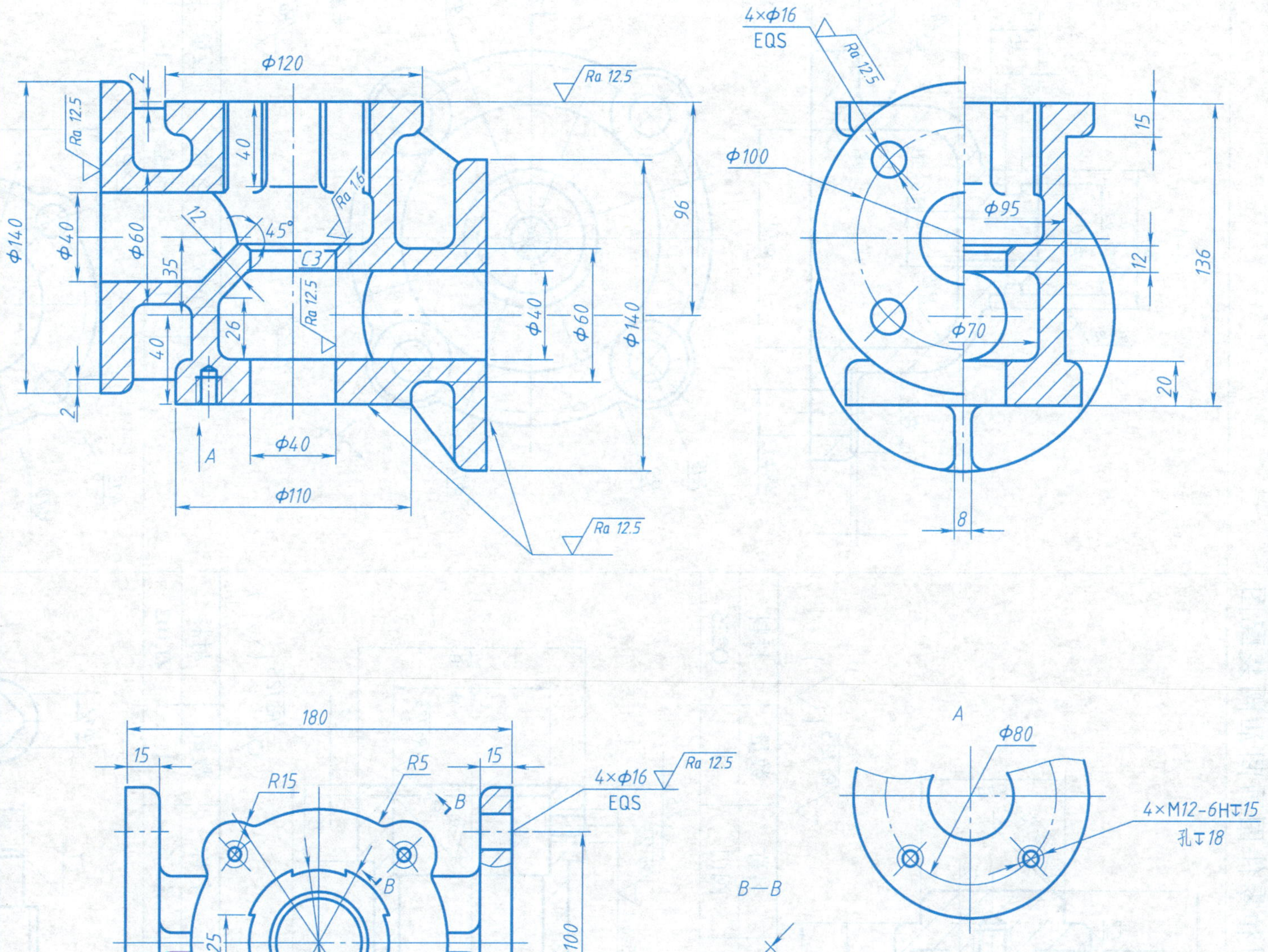

技术要求

1. 未注明铸造圆角R3。
2. C3的锥面与零件2对研。

$\sqrt{Ra\ 25}$ ($\sqrt{}$)

序号	名称	数量	材料
1	阀体	1	ZL102

班级		学号		姓名		审阅		成绩	

续 10-3 由装配示意图和零件图画回油阀装配图

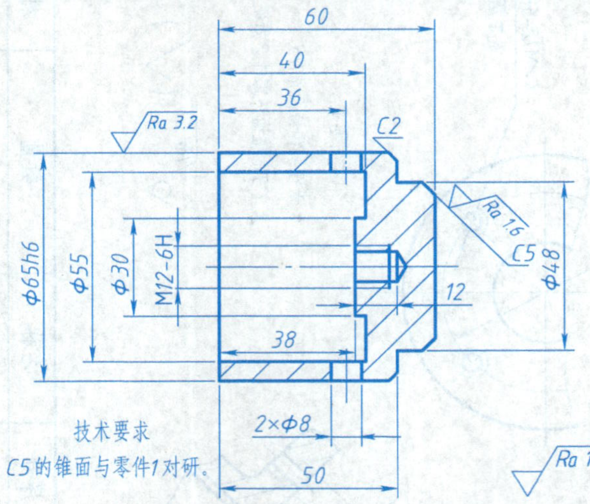

技术要求
C5的锥面与零件1对研。

序号	名称	数量	材料
2	阀门	1	Q235

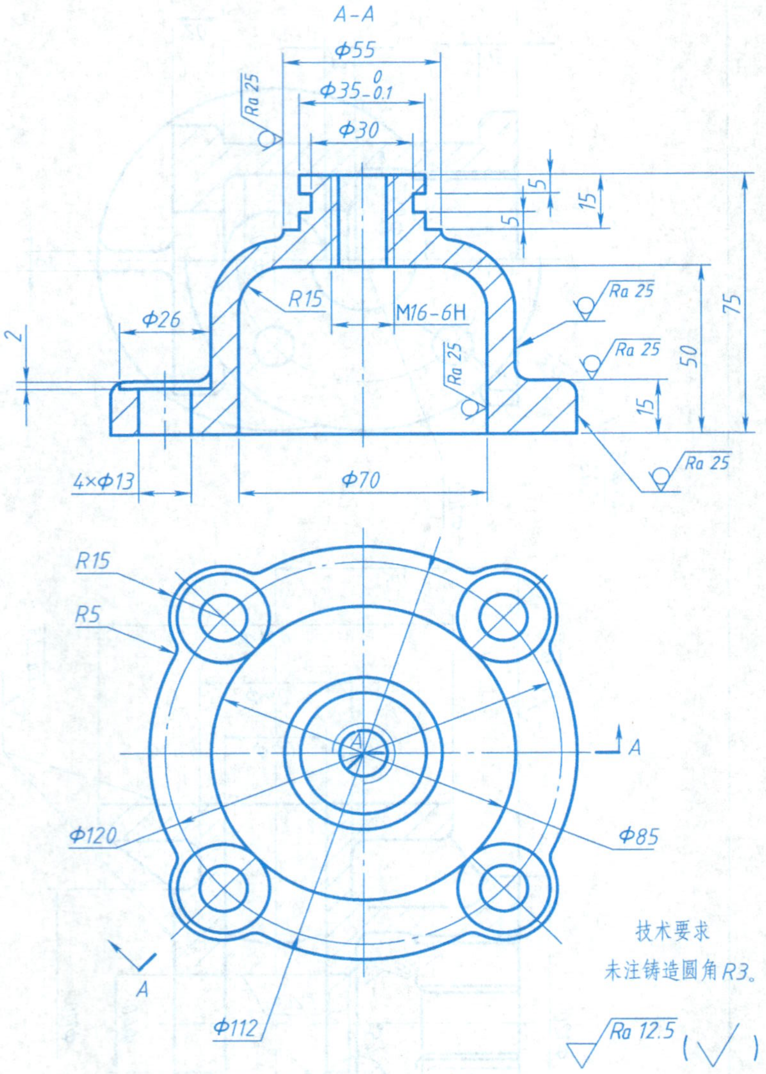

技术要求
未注铸造圆角R3。

序号	名称	数量	材料
11	阀盖	1	ZL102

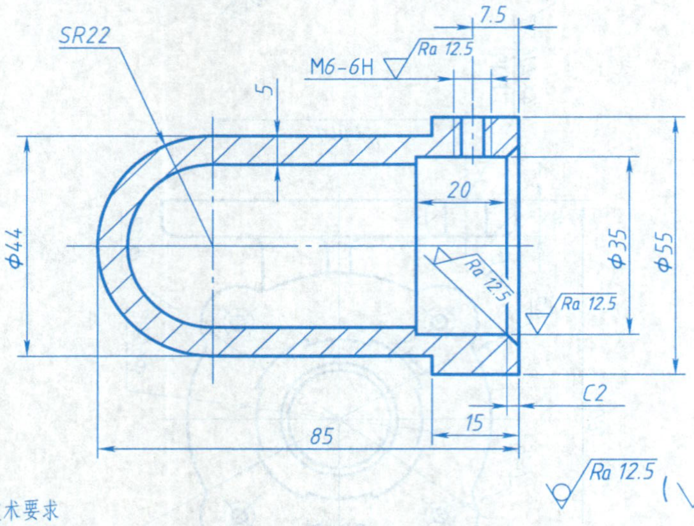

技术要求
未注铸造圆角R2。

序号	名称	数量	材料
7	罩子	1	ZL102

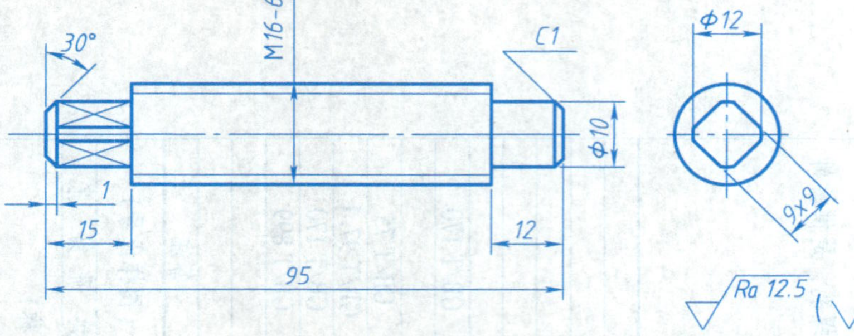

序号	名称	数量	材料
9	螺杆	1	35

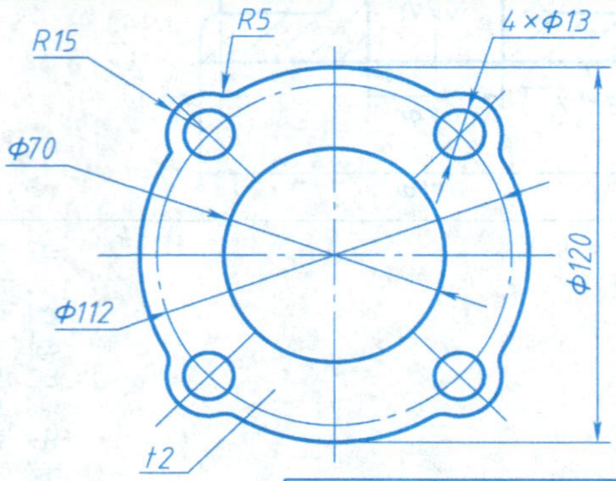

序号	名称	数量	材料
12	垫片	1	纸板

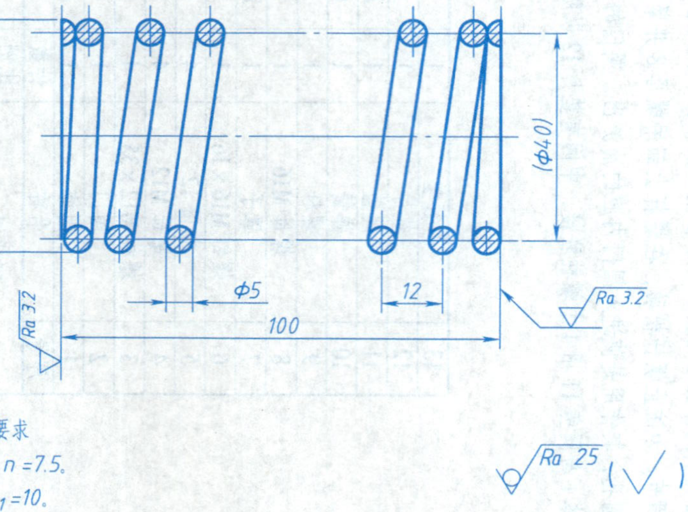

技术要求
1. 有效圈数 $n=7.5$。
2. 总圈数 $n_1=10$。
3. 旋向：右。
4. 展开长度 $L=1256$。

序号	名称	数量	材料
10	弹簧	1	65Mn

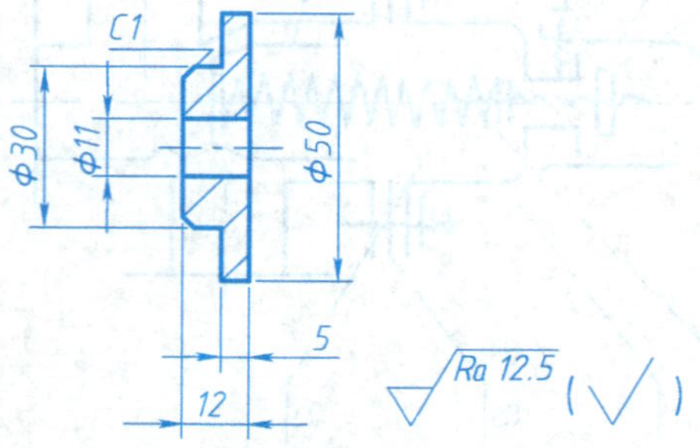

序号	名称	数量	材料
13	弹簧垫	1	H62

班级　学号　姓名　审阅　成绩

10-4 根据减速器的示意图和零件图画装配图

减速器装配示意图

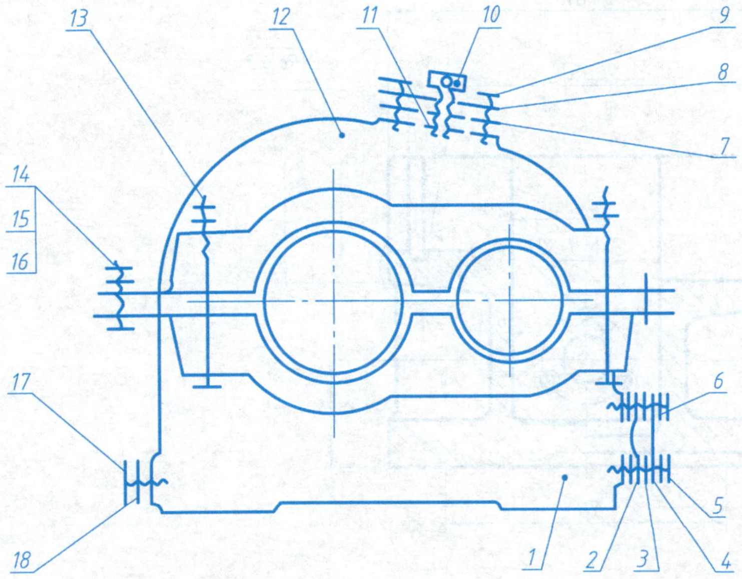

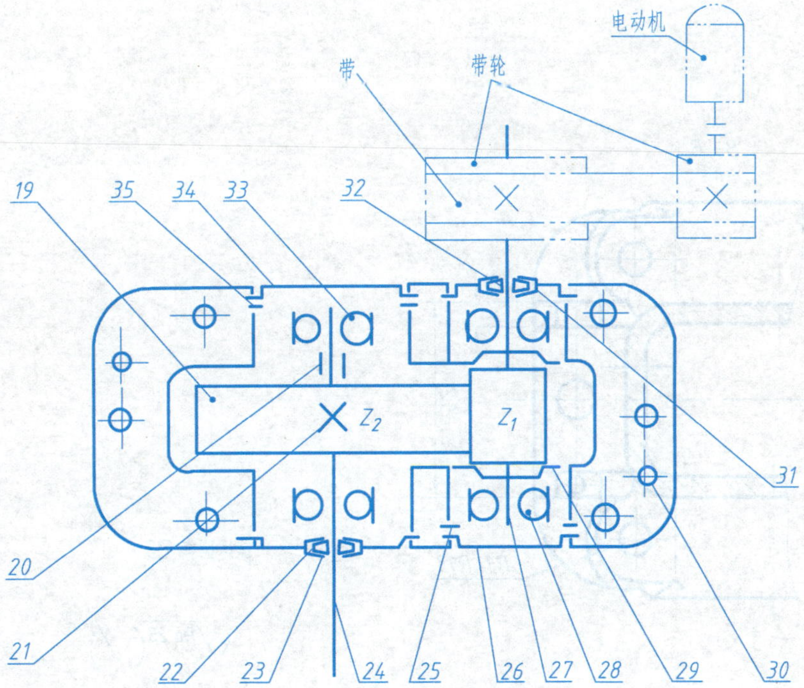

说　明

左图所示为一单级圆柱直齿轮减速器，输入轴为27，由电动机通过带轮带动，再通过 Z_1、Z_2 两齿轮啮合而带动输出轴24，实现减速。电动机的转数先经带轮减速后，再由减速器内的一对齿轮减速，最后达到要求的转数。

轴27和24分别由一对滚动轴承6204（件28）和6206（件33）支承，轴承安装时的轴向间隙由调整环25和35调整。减速器采用稀油飞溅润滑，箱内油面高度通过油面指示片4进行观察。通气塞10是为了随时排放箱内润滑油受热后挥发的气体和水蒸汽等，螺塞17为换油清理时用。

装配图号　155000

标准件表

序号	名称	规格	材料	数量
5	螺钉	GB/T 65 M3×14	35	3
9	螺钉	GB/T 65 M3×10	35	4
11	螺母	GB/T 41 M10	35	1
13	螺栓	GB/T 5780 M8×65	35	4
14	螺栓	GB/T 5780 M8×25	35	2
15	垫圈	GB/T 97.1 10	65Mn	6
16	螺母	GB/T 41 M10	1275	6
18	垫圈	GB/T 97.1 10	Q235	2
21	键	GB/T 1096 键 10×8×22	45	1
22	垫圈		毛毡	1
28	滚动轴承	6204 GB/T 276		2
30	销	GB/T 117　3×18	35	2
32	垫圈		毛毡	1
33	滚动轴承	6206 GB/T 276		2

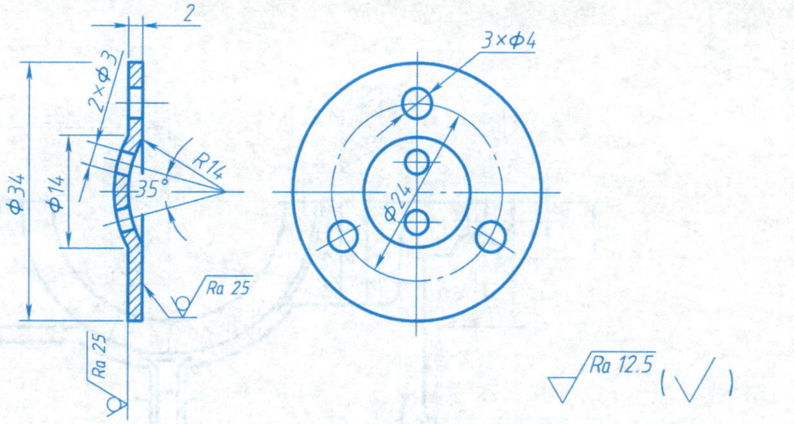

序号	名称	材料	比例	数量
2	反光片	铝	1:1	1

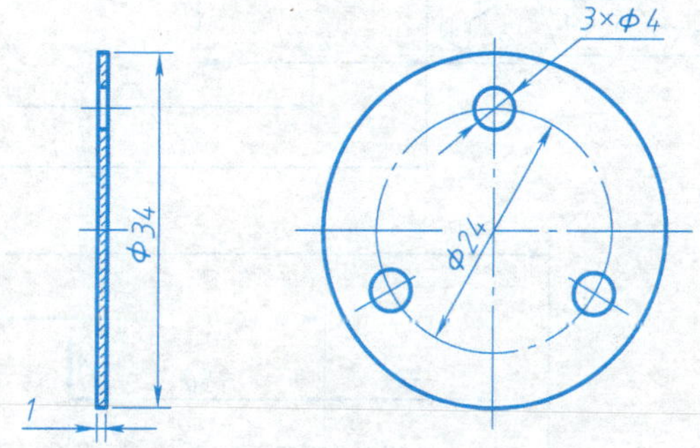

序号	名称	材料	比例	数量
4	油面指示片	塞璐珞	1:1	1件

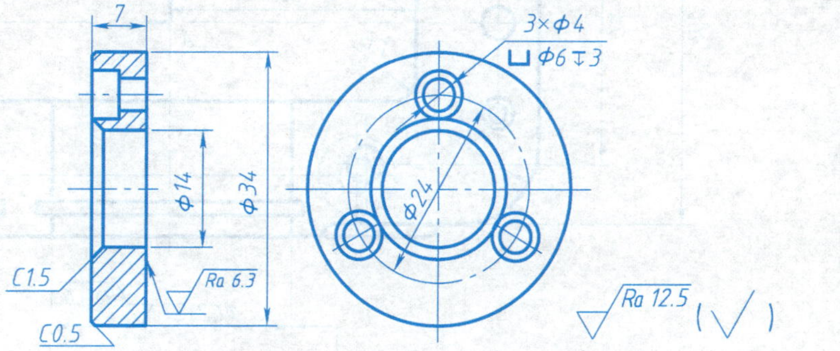

序号	名称	材料	比例	数量
6	小盖	HT150	1:1	1件

班级		学号		姓名		审阅		成绩	

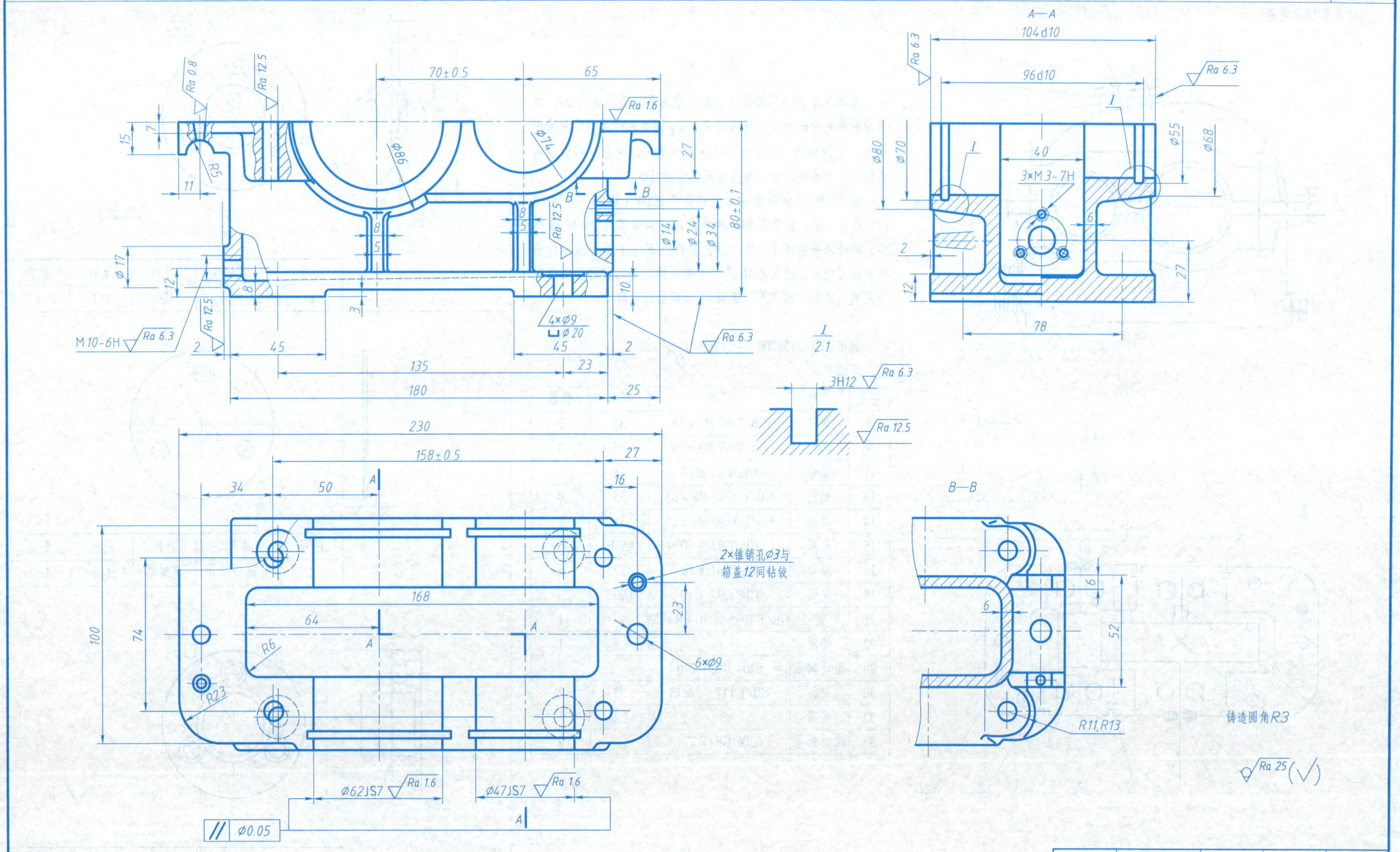

序号	名称	材料	比例	数量
1	箱座	HT150	1:2	1

班级		学号		姓名		审阅		成绩	

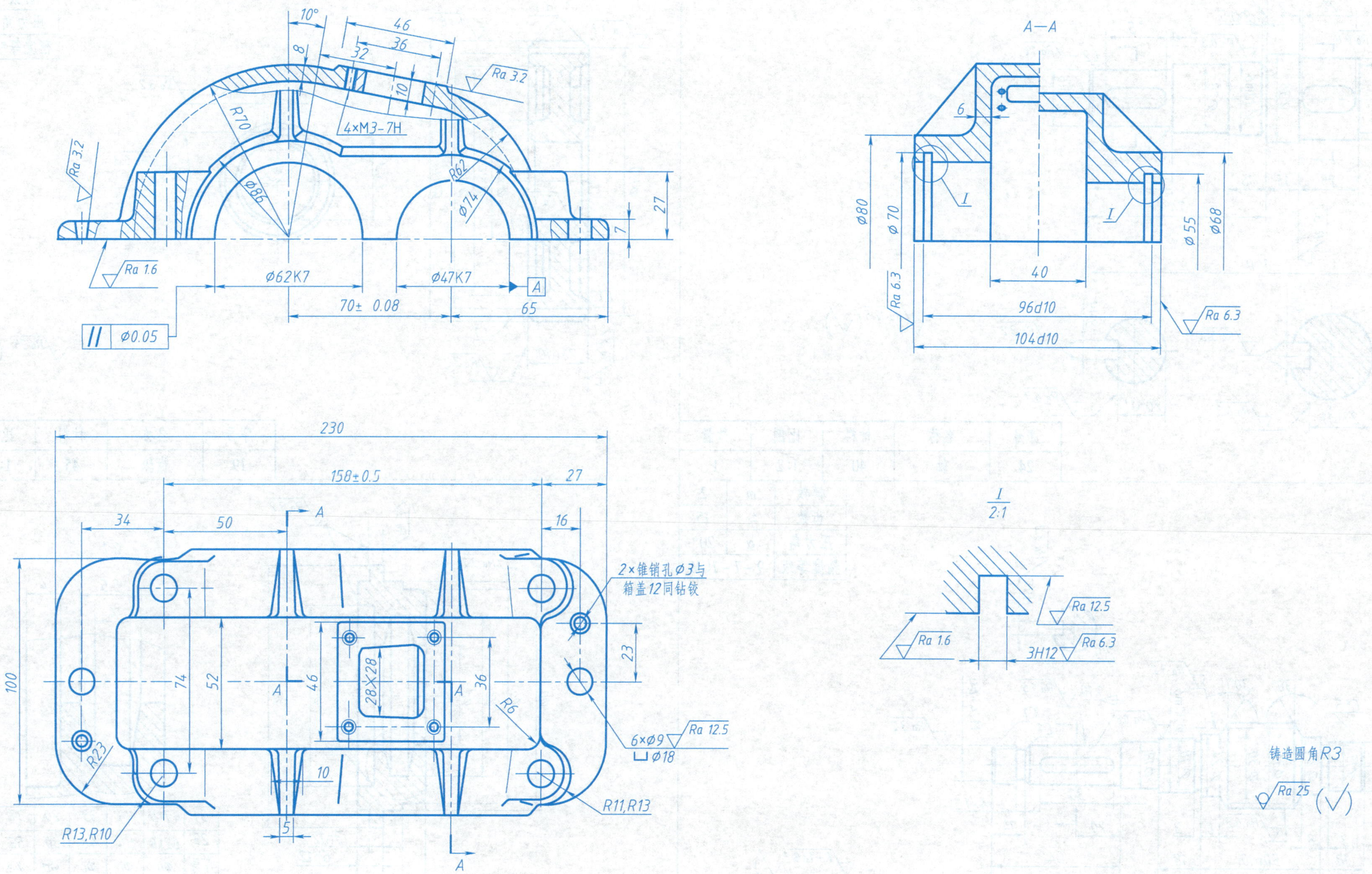

序号	名称	材料	比例	数量
12	箱盖	HT150	1:2	1

班级		学号		姓名		审阅		成绩	

续10-4 根据减速器的示意图和零件图画装配图

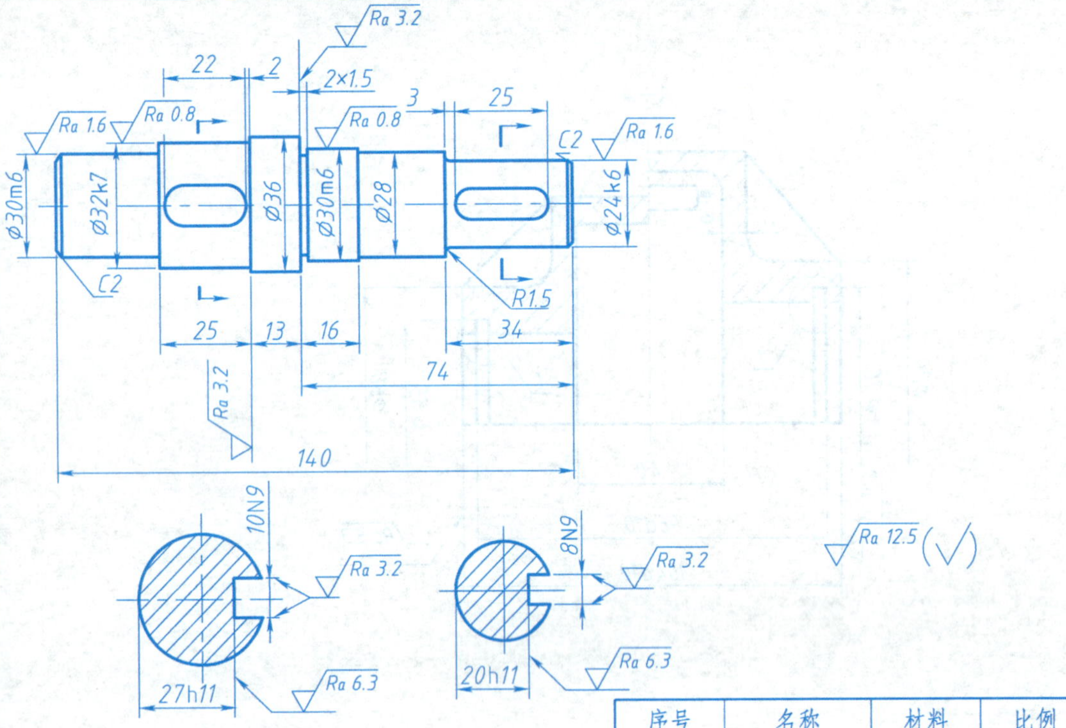

序号	名称	材料	比例	数量
24	轴	40	1:2	1

模数	m	2
齿数	z_2	55
压力角	α	20°
精度等级	9-7-7GM	

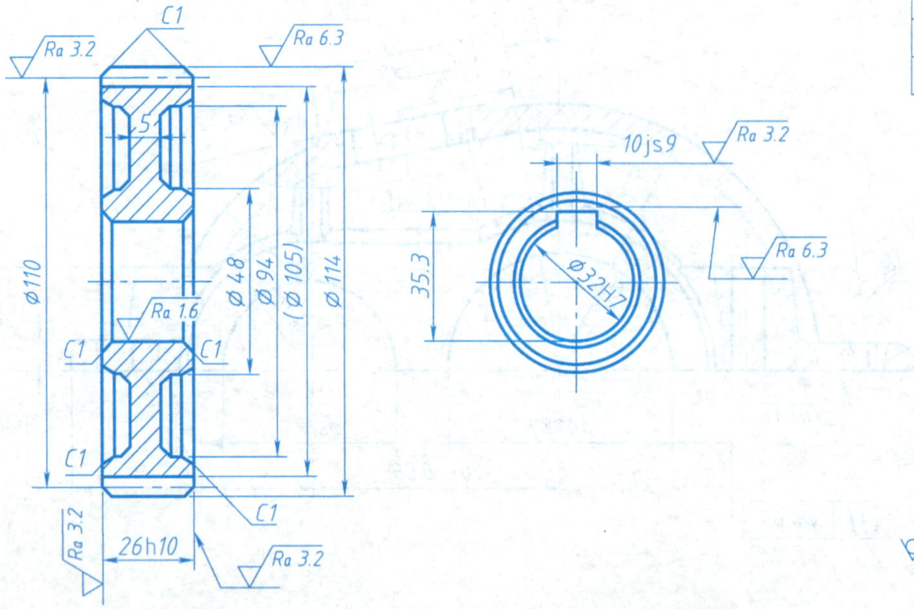

序号	名称	材料	比例	数量
19	齿轮	45	1:2	1

模数	m	2
齿数	z_1	15
压力角	α	20°
精度等级	9-7-7GM	

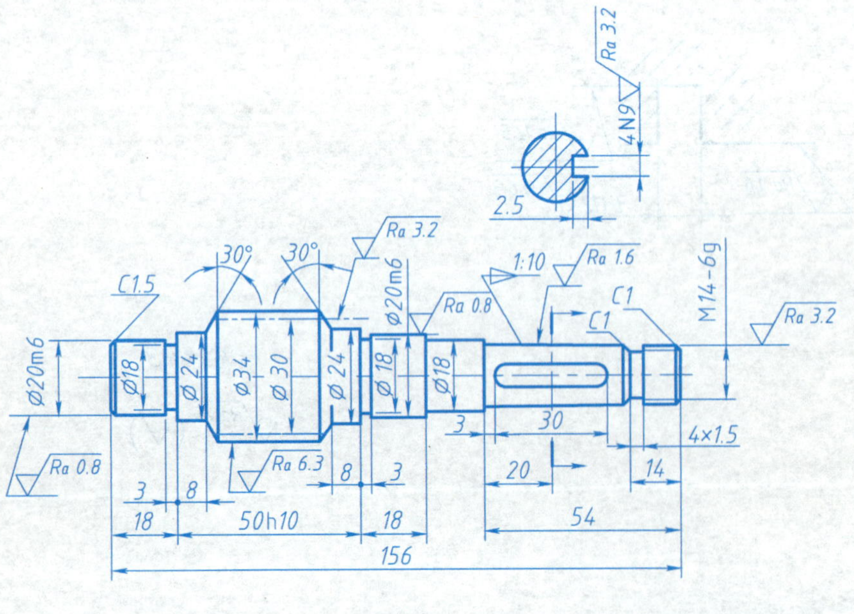

序号	名称	材料	比例	数量
27	齿轮轴	45	1:2	1

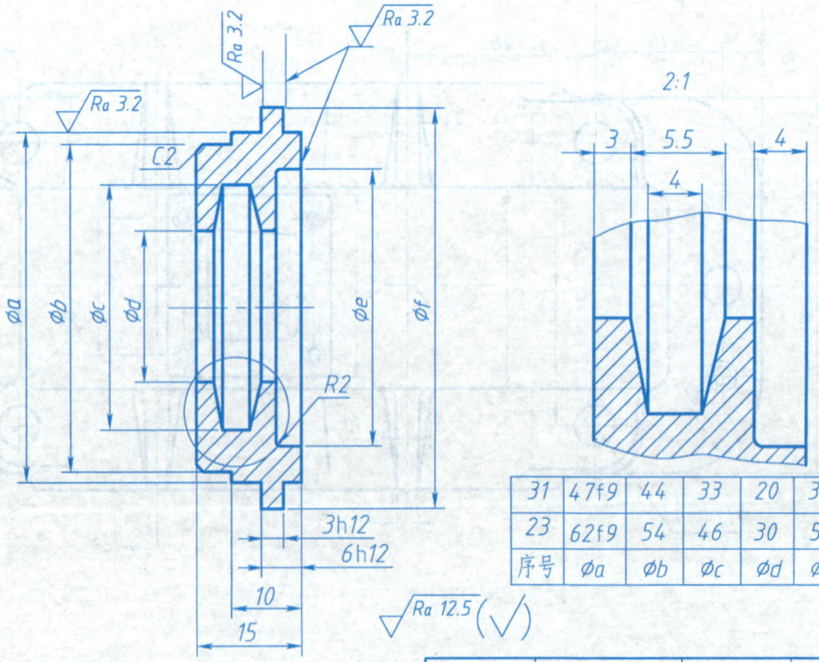

31	47f9	44	33	20	37	53
23	62f9	54	46	30	52	68
序号	⌀a	⌀b	⌀c	⌀d	⌀e	⌀f

序号	名称	材料	比例	数量
23，31	端盖	HT150	1:2	各1件

班级		学号		姓名		审阅		成绩	

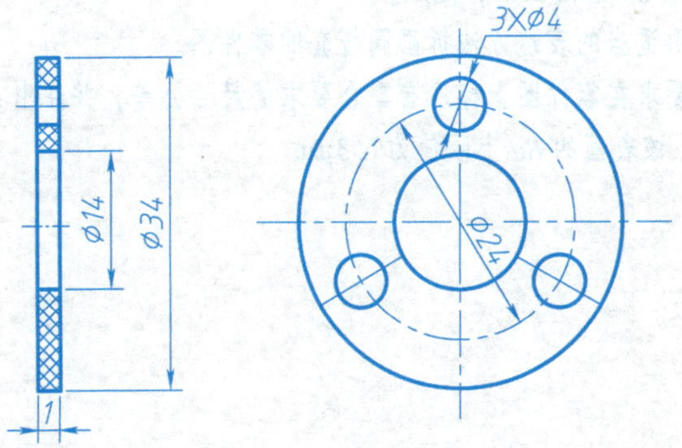

序号	名称	材料	比例	数量
3	垫片	毛毡	1:1	2

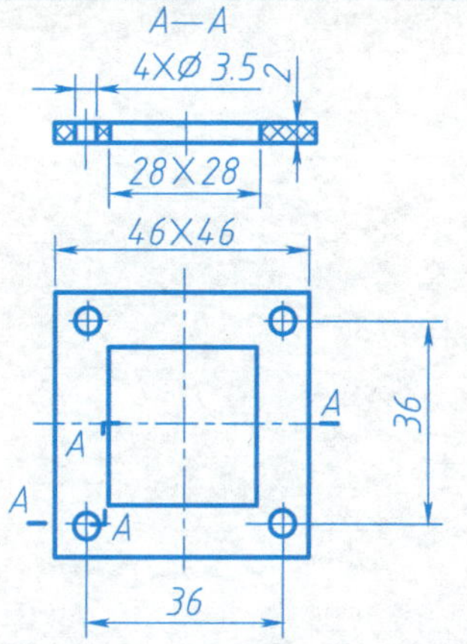

序号	名称	材料	比例	数量
7	垫片	压纸板	1:2	1

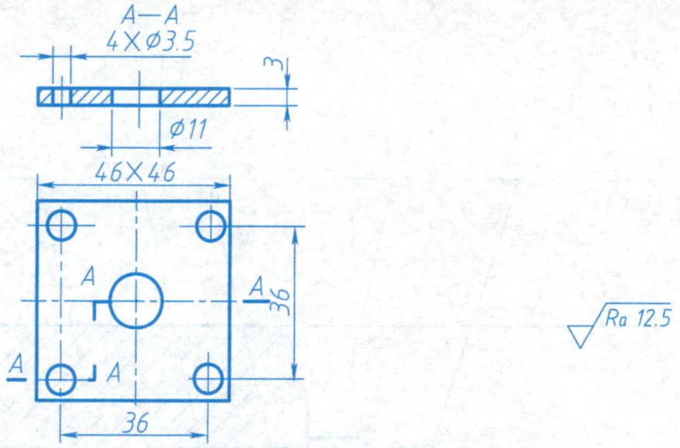

序号	名称	材料	比例	数量
8	小盖	Q235	1:2	1

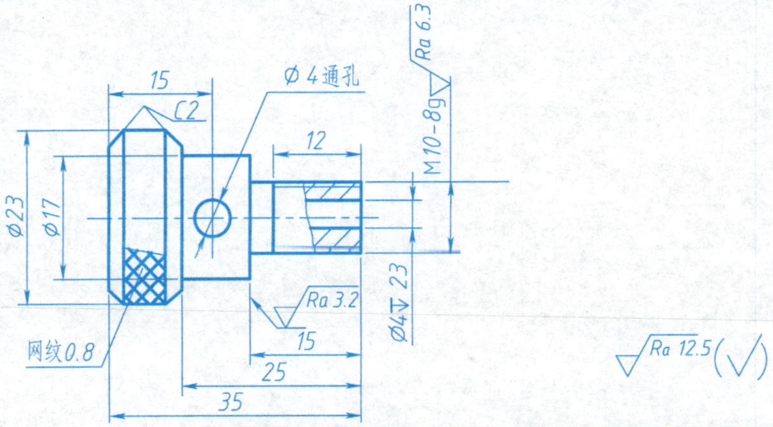

序号	名称	材料	比例	数量
10	通气塞	45	1:1	1

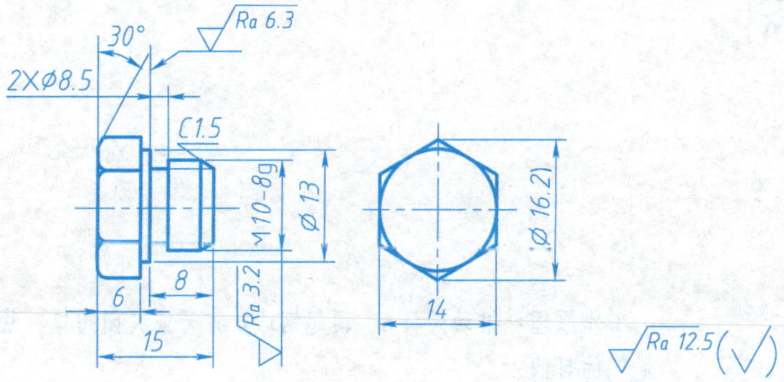

序号	名称	材料	比例	数量
17	螺塞	45	1:1	1

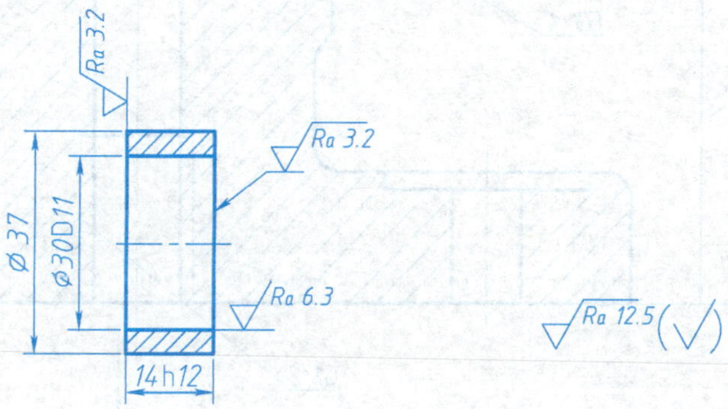

序号	名称	材料	比例	数量
20	套筒	Q235	1:1	1

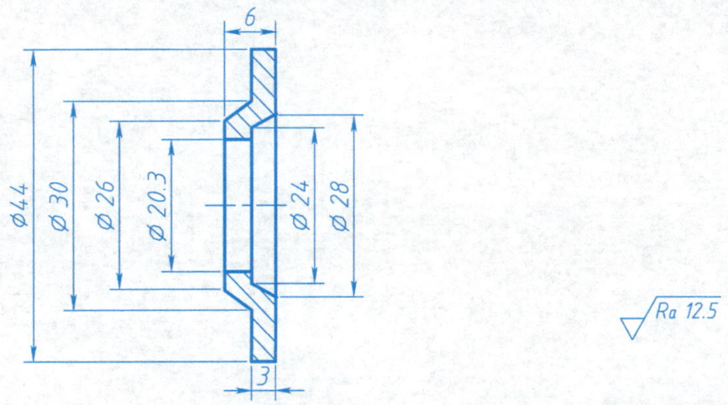

序号	名称	材料	比例	数量
29	挡油环	Q235	1:1	2

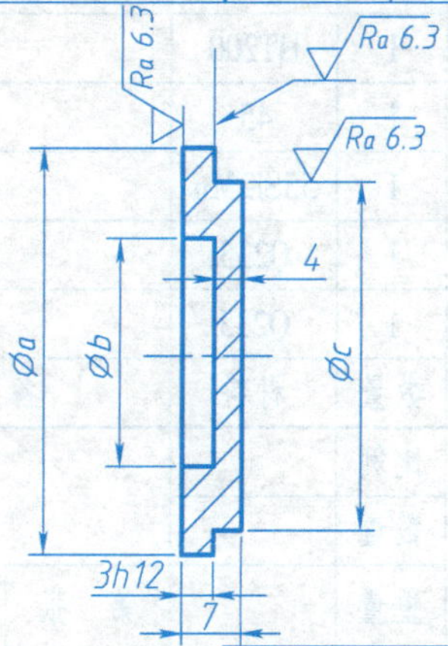

34	68	50	62f9
26	54	31	47f9
序号	Øa	Øb	Øc

Ra 12.5 (√)

序号	名称	材料	比例	数量
26，34	端盖	HT150		各1件

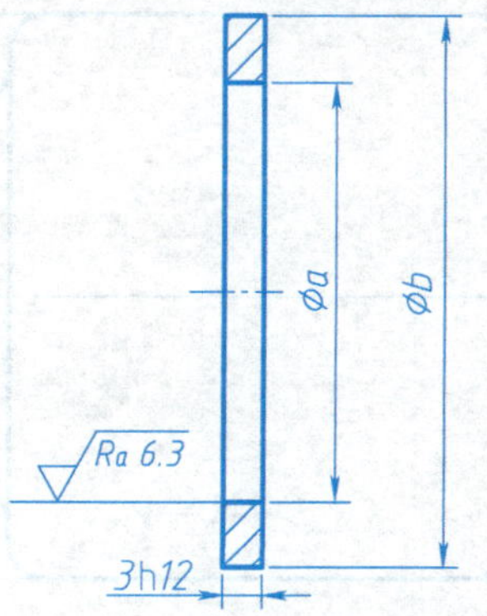

35	52	62h12
25	37	47h12
序号	Øa	Øb

Ra 12.5 (√)

序号	名称	材料	比例	数量
25，35	调整环	Q235	1:1	各1件

	班级		学号		姓名		审阅		成绩	

看懂泄气阀的装配图后，完成：

1. 用适当的表达方法拆画阀杆套的零件图。

2. 要求在零件图上标注有配合要求的尺寸公差，并注出 $\phi6$ 内表面的粗糙度，该表面的 *Ra* 上限值为 6.3μm。

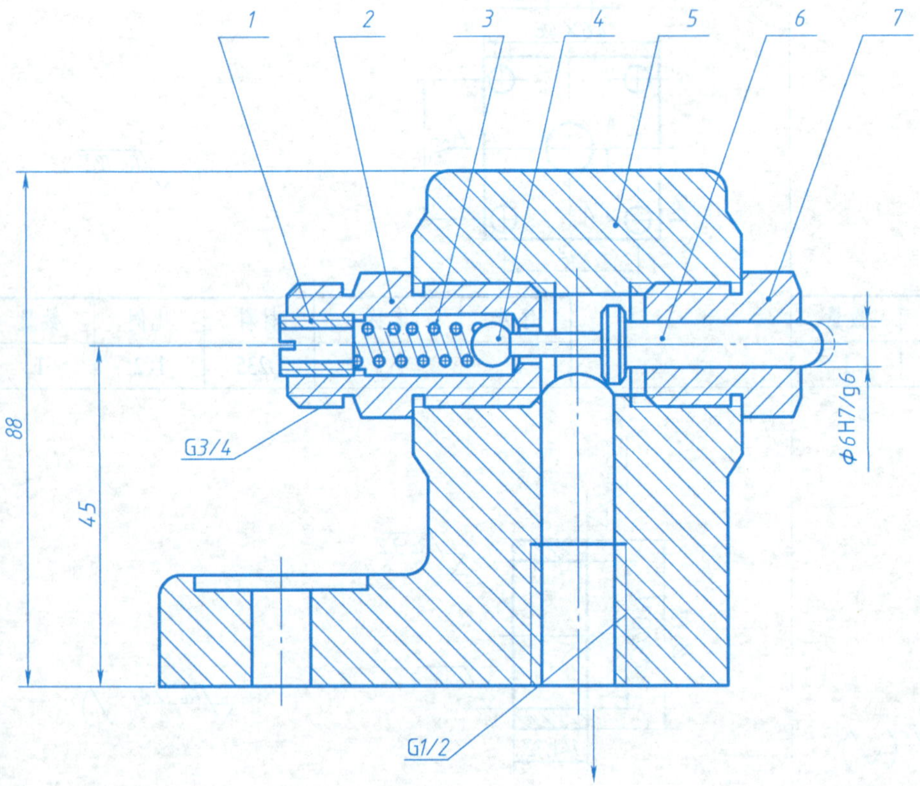

工作原理：推动阀杆 6，顶起钢球 4 打开或关闭阀口，从而达到泄气的目的。

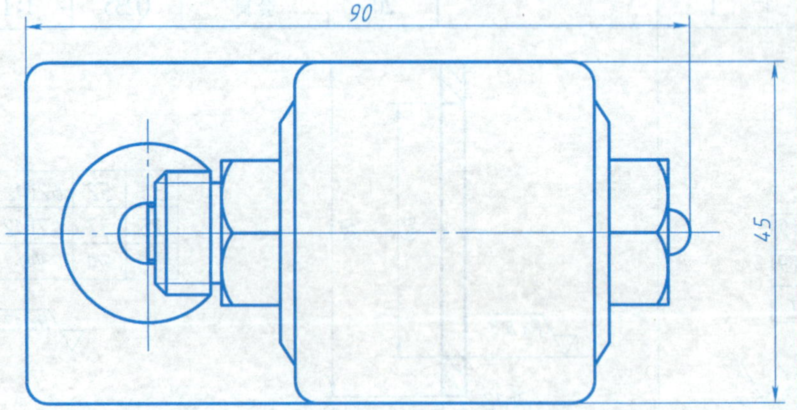

序号	名称	数量	材料	备注
7	阀杆套	1	35	
6	阀杆	1	35	
5	阀座	1	HT200	
4	钢球	1	45	
3	弹簧	1	55Si2Mn	
2	阀套	1	Q235	
1	调整螺套	1	Q235	

泄气阀		比例			
		数量			
制图		重量		第 张	共 张
校对					
审核					

班级		学号		姓名		审阅		成绩	

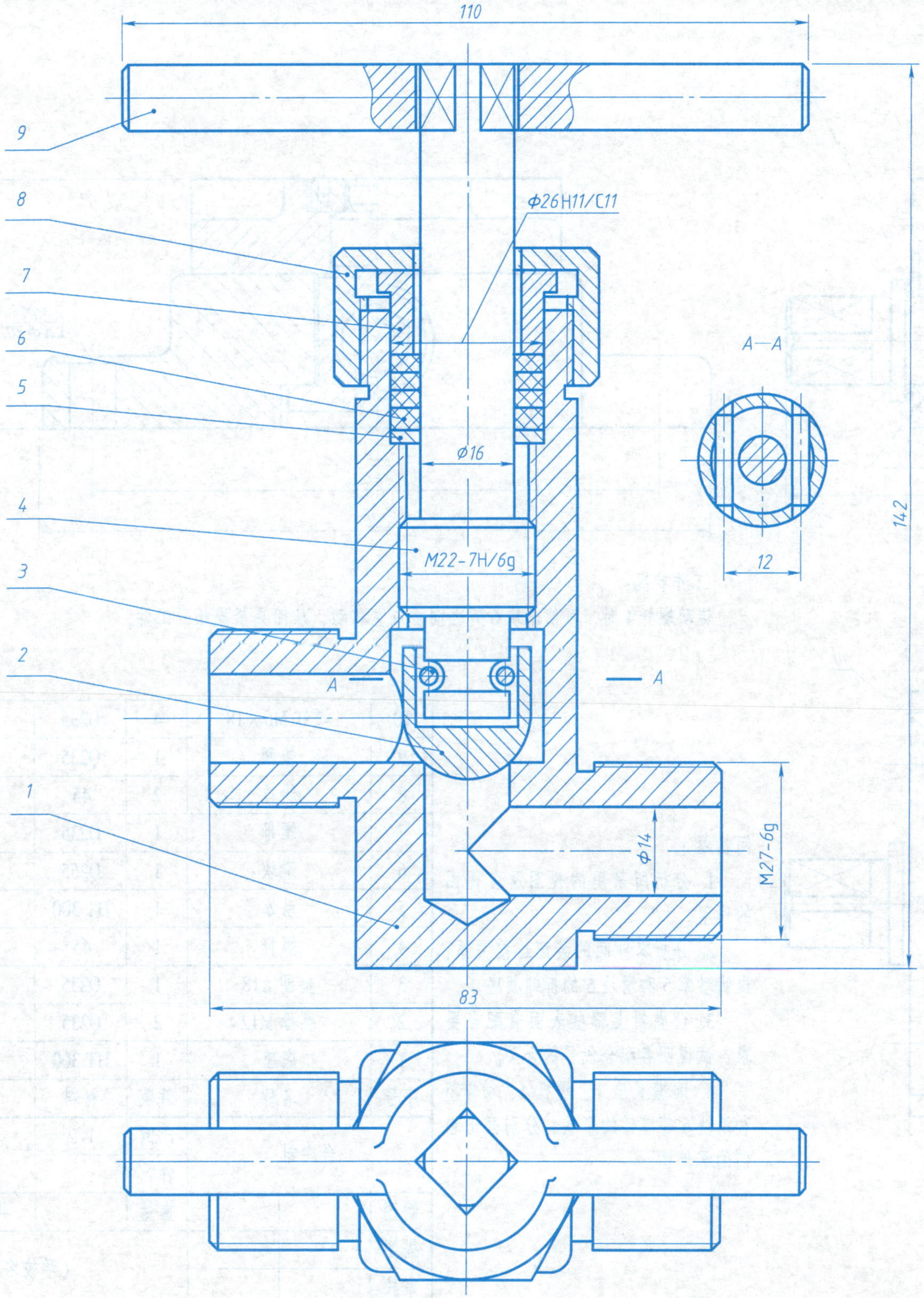

工作原理：转动手柄使轴4升降，带动活塞2打开或关闭阀口。连接活塞与轴的圆柱销3，处于轴的环形槽中，当拧紧阀门时，活塞不会转动。

填空题：

1. 简要说明活塞2的拆卸顺序：____。

2. 回答配合代号 ϕ26H11/C11 的含义；基本尺寸是____；孔和轴的精度等级均为____；表示出其配合为________制________配合。

9	手柄	1	HT200	
8	螺母	1	HT200	GB/T 6170
7	后盖	1	HT200	
6	填料	1	石棉绳	
5	垫圈	1	Q235A	GB/T 97
4	轴	1	45	
3	圆柱销	2	45	GB/T 119.1
2	活塞	1	45	
1	阀体	1	HT200	
序号	名称	件数	材料	备注

阀门		比例		(图样代号)
		件数		
制图		重量		共 张 第 张
描图		(学校名称)		
审核				

班级		学号		姓名		审阅		成绩	

10-7 读台虎钳装配图，并回答问题

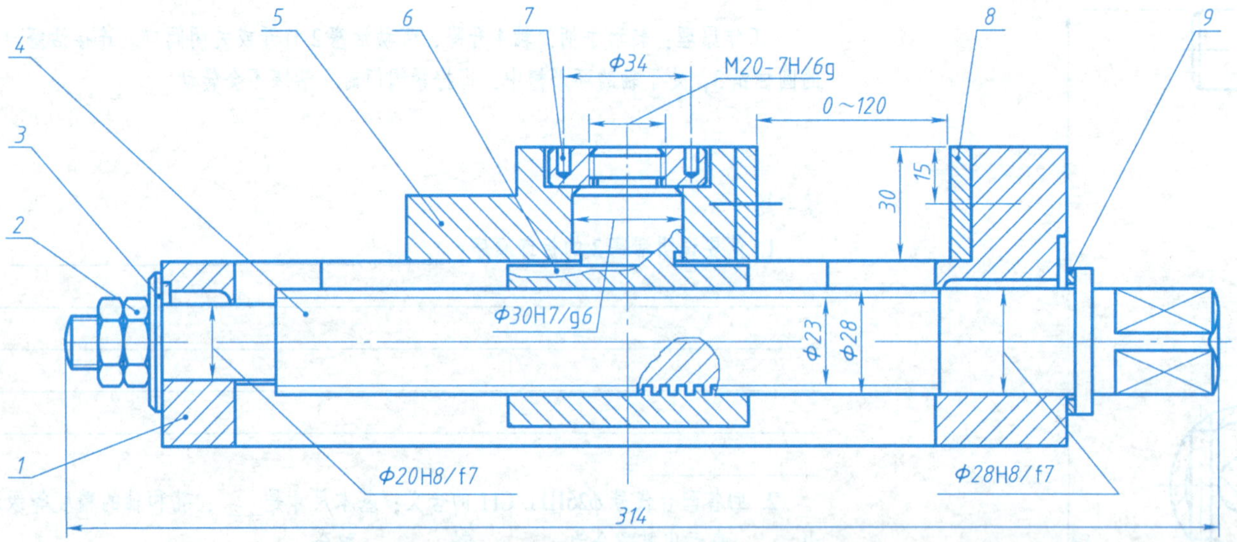

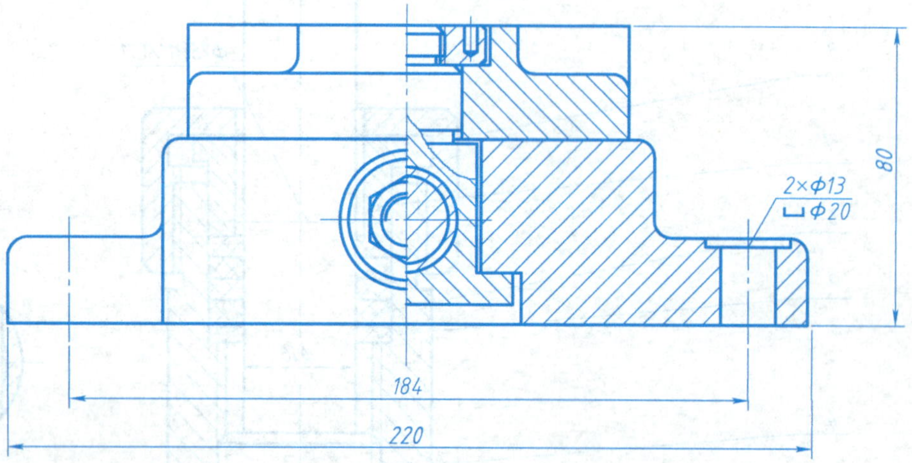

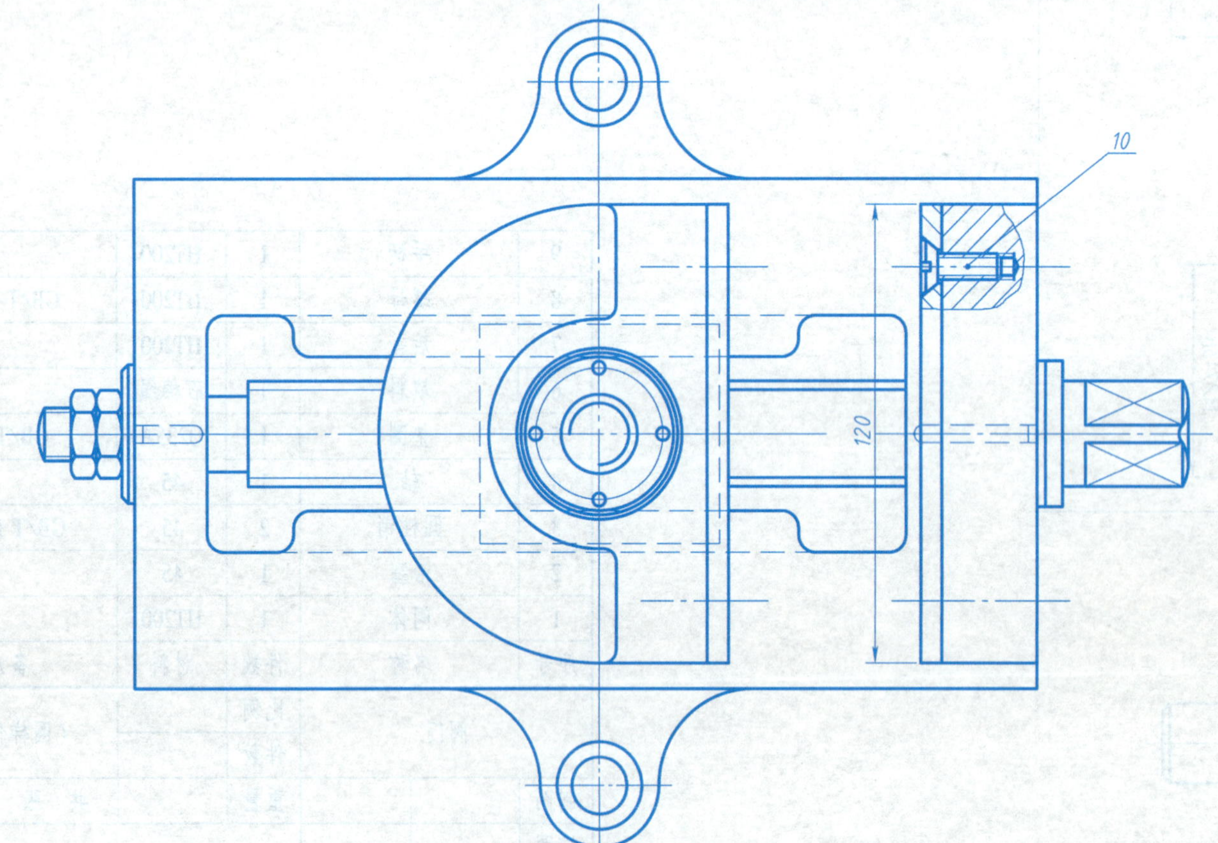

工作状况：

转动螺杆4时，可使滑块6随之向右或左移动，从而夹紧或松开工件。

问答题：

1. 分析所采用的视图及各视图的作用。

2. 分析零件间的装配连接关系，说明动掌5和滑块6的拆卸顺序。

3. 台虎钳上哪些表面有配合要求？试说明各配合代号的含义。

4. 读懂底座1、螺杆4、动掌5和滑块6等零件的形状，分别画出它们的零件图

序号	名称	件数	材料	备注
10	螺钉 M6×18	4	Q235	GB/T 68
9	垫圈	1	Q235	
8	钳口	2	45	
7	螺母	1	Q235	
6	滑块	1	Q255	
5	动掌	1	HT 300	
4	螺杆	1	45	
3	垫圈 A18	1	Q235	GB/T 617
2	螺母 M12	2	Q235	GB/T 97
1	底座	1	HT 300	

台虎钳		比例	1:2	(图样代号)
		件数		
制图		重量		共 张 第 张
描图				(学校名称)
审核				

班级		学号		姓名		审阅		成绩	

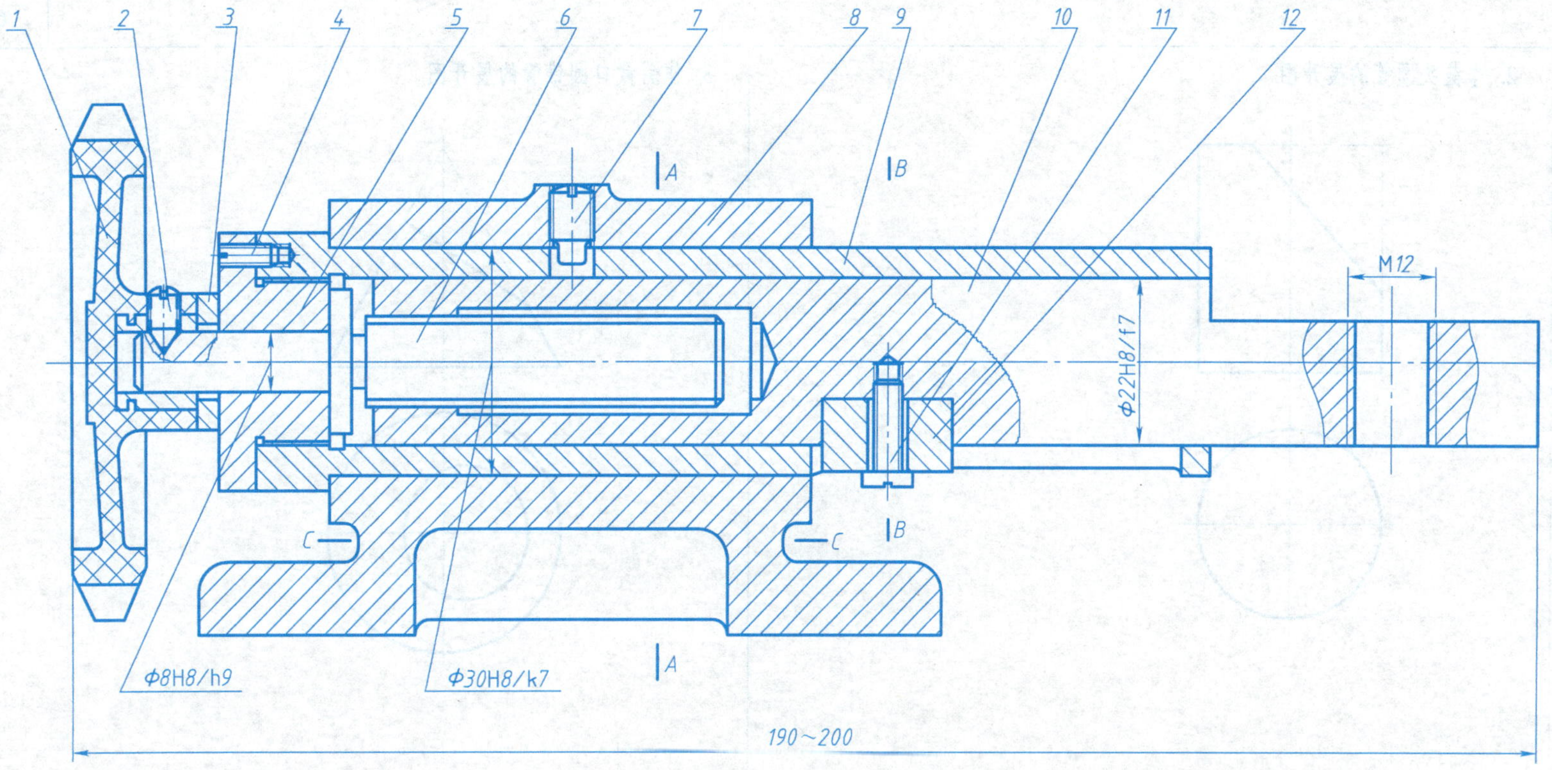

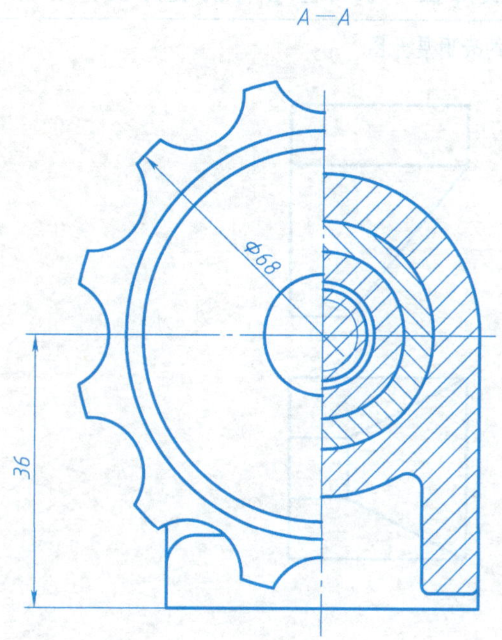

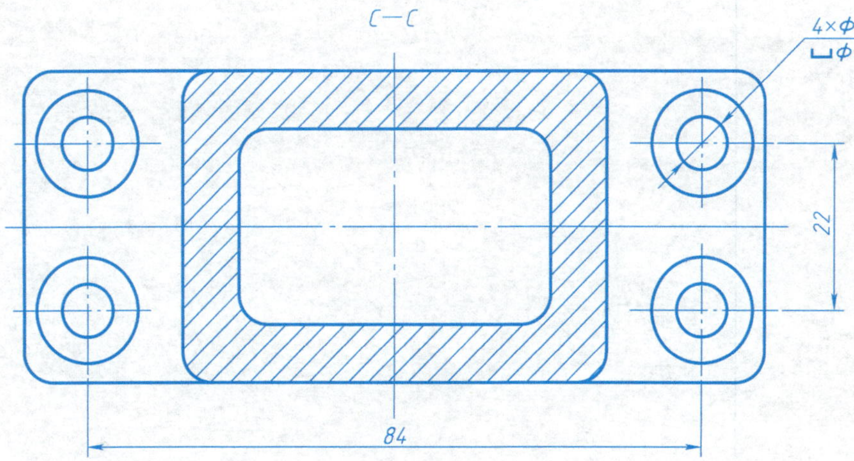

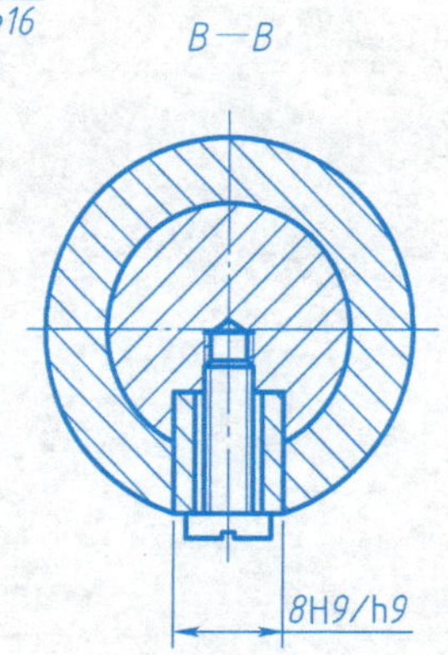

工作原理：转动手轮 1，可使导杆 10 左右移动，进行微动调整。

填空题：

1. 主视图表达了装配件的＿＿＿＿＿＿＿＿；C—C 剖视图表达的重点是＿＿＿＿＿＿＿＿。

2. B—B 断面图主要表达件＿＿＿＿＿＿的＿＿＿＿＿＿作用。

序号	名称	件数	材料	备注
12	键 8×16	1	45	
11	螺钉 M3×4	1	Q235	GB/T 65
10	导杆	1	45	
9	导套	1	45	
8	支座	1	ZL103	
7	紧定螺钉 M6×12	1	Q235	GB/T 75
6	螺杆	1	45	
5	轴套	1	45	
4	紧定螺钉 M3×8	1	Q235	GB/T 73
3	垫圈	1	Q235	GB/T 97
2	紧定螺钉 M5×8	1	Q235	GB/T 71
1	手轮	1	酚醛塑料	JB 1352

微动机构		比例		（图样代号）
		件数		
制图		重量		共 张 第 张
描图		（学校名称）		
审核				

班级		学号		姓名		审阅		成绩	

第十一章　其他工程图

11-1　展开图　求薄壁管件的展开图

1. 作漏斗的表面展开图

2. 作截头圆管的展开图

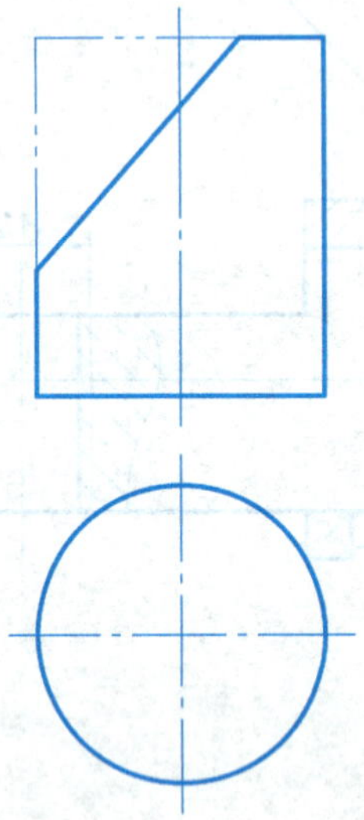

3. 作斜截口圆锥管的展开图

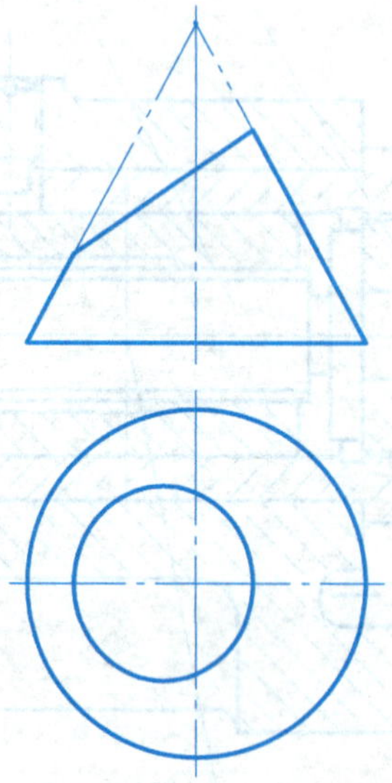

班级		学号		姓名		审阅		成绩	

1. 抄画下列三相异步电动机正反转控制电气原理图。

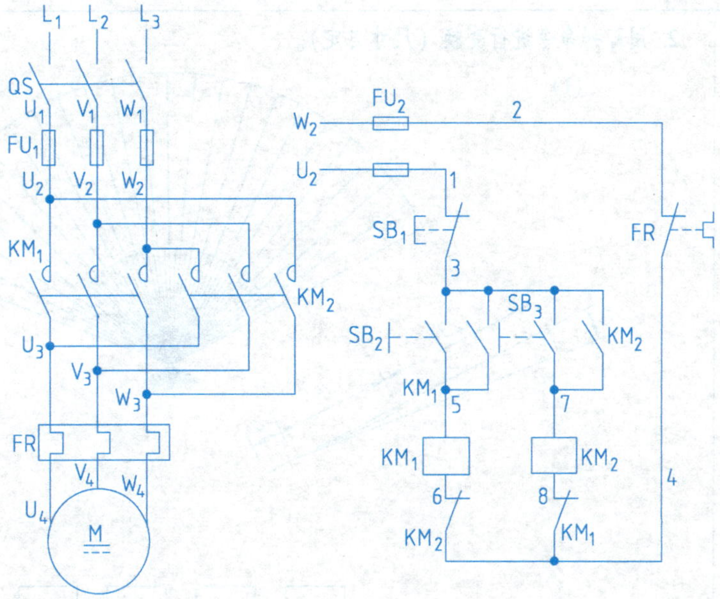

2. 抄画电容三点式正弦波振荡电路。

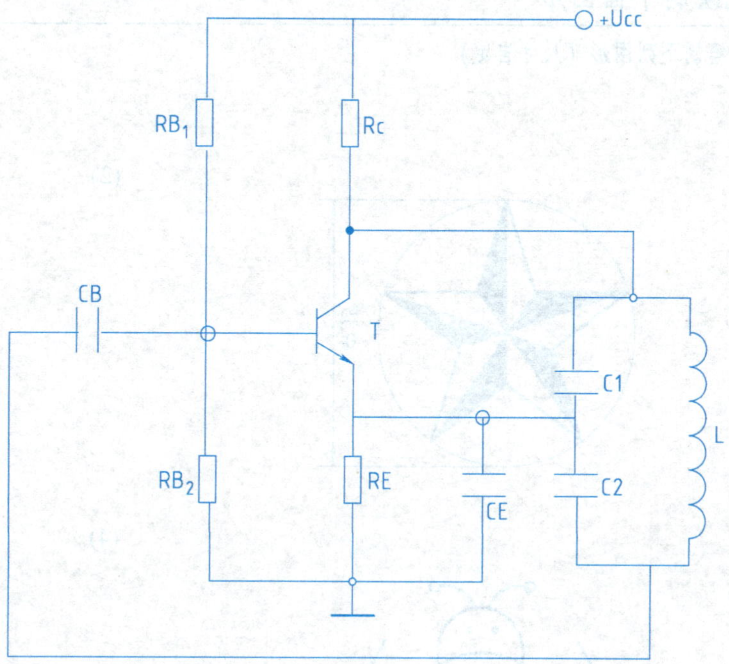

3. 看懂电动机两地控制电路图，并回答问题。

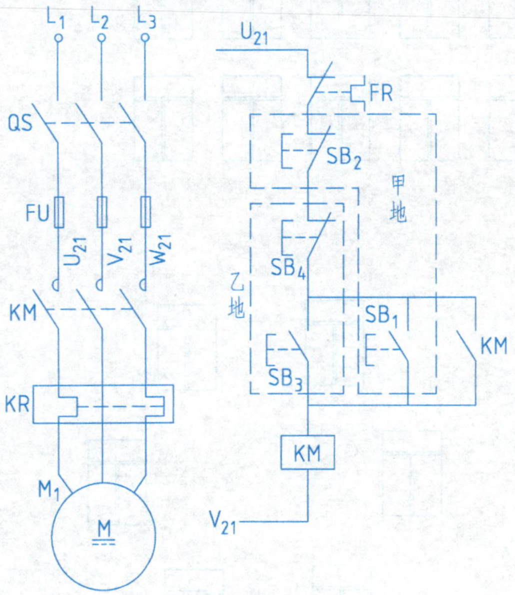

图中控制对象是______；FU是______元件。在乙地控制的启动按钮是______。在甲地控制的停止按钮是______。

4. 看懂电动机先后顺序控制电路图，并回答问题。

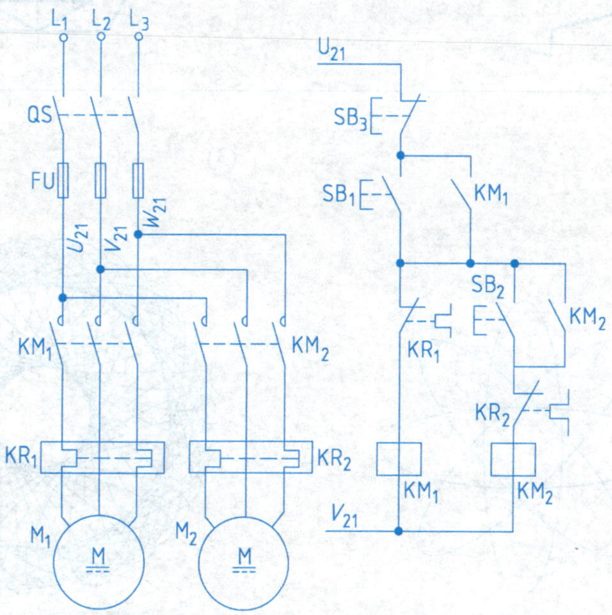

图中电动机的工作电源取自______，控制电路的电源取自______。先起动的电动机是______，KR_1、KR_2是______保护元件。

班级		学号		姓名		审阅		成绩	

第十二章 计算机绘图

12-1 用计算机绘制平面图形

1. 用绘图和编辑命令绘制下列图形（尺寸自定）。

(1)

(2)

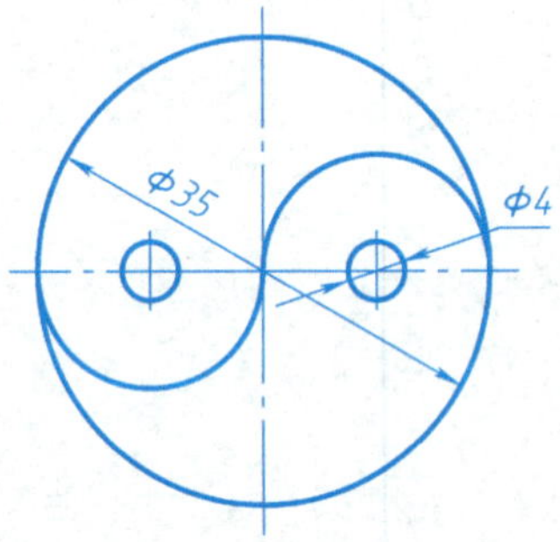

(3)

(4)

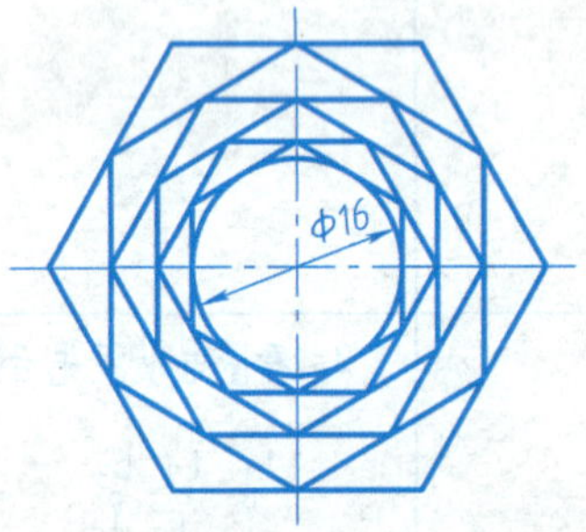

2. 用阵列命令进行变换（尺寸自定）。

(1)

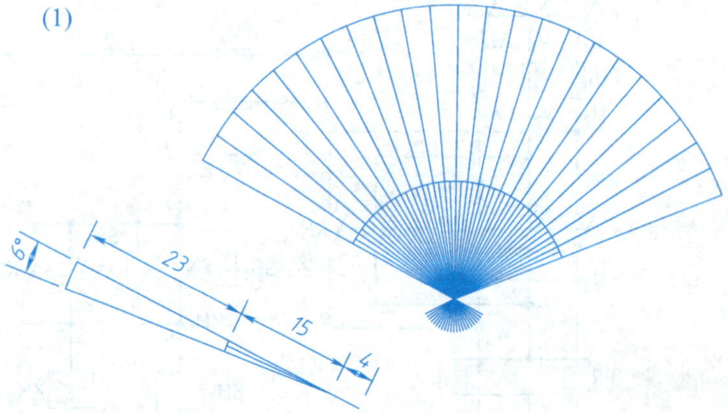

(2)

3. 作椭圆图形的阵列。

(1)

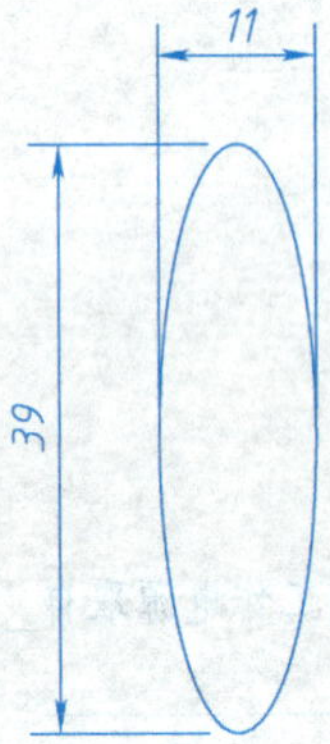

(2)

作椭圆图形的阵列，阵列中心在椭圆的圆心处

(3)

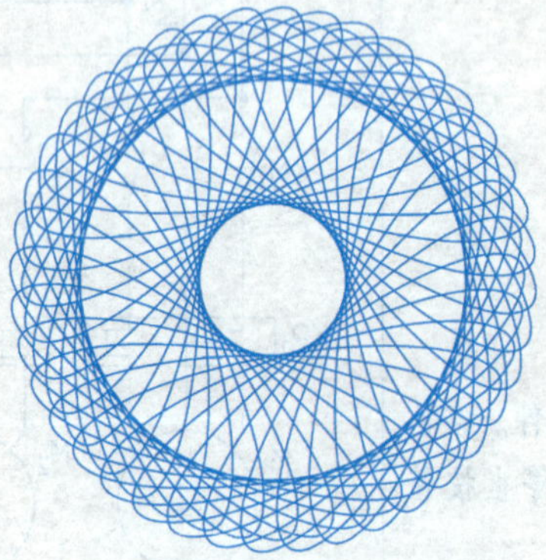

作椭圆图形的阵列，阵列中心在椭圆的圆心左侧8个图形单位的位置，阵列个数40

	班级		学号		姓名		审阅		成绩	

1.

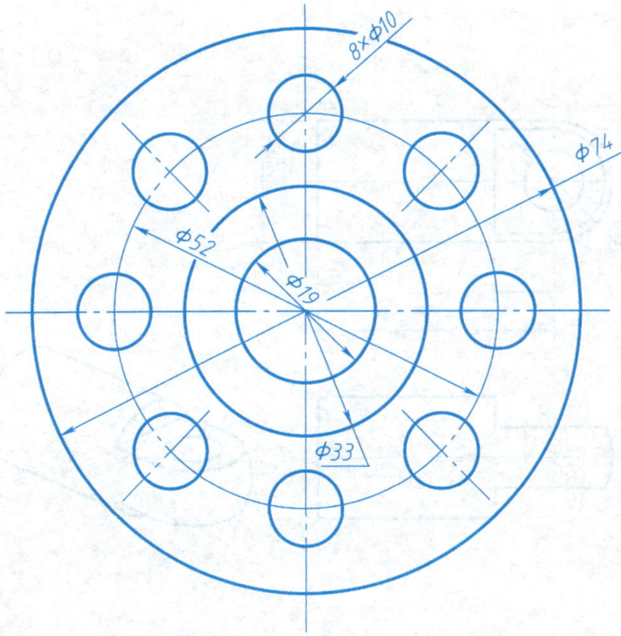

2.

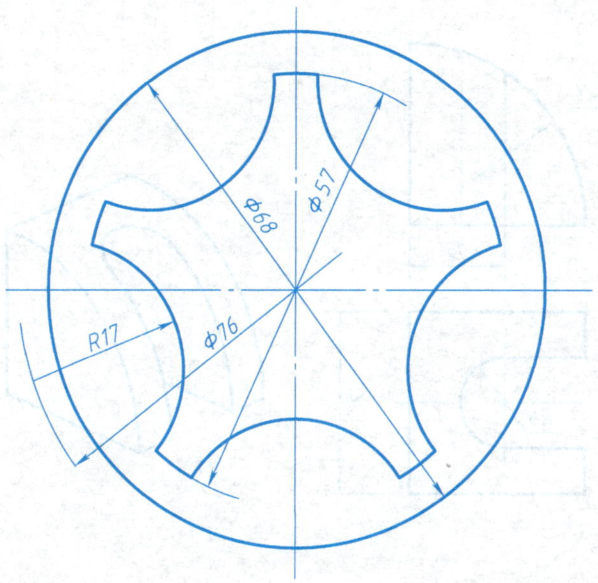

3.

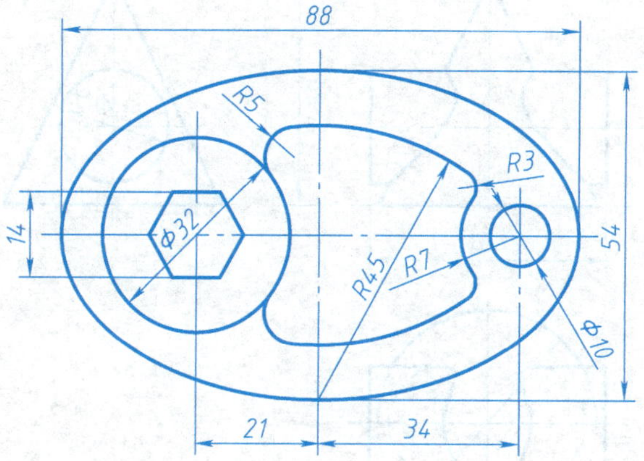

4.

5.

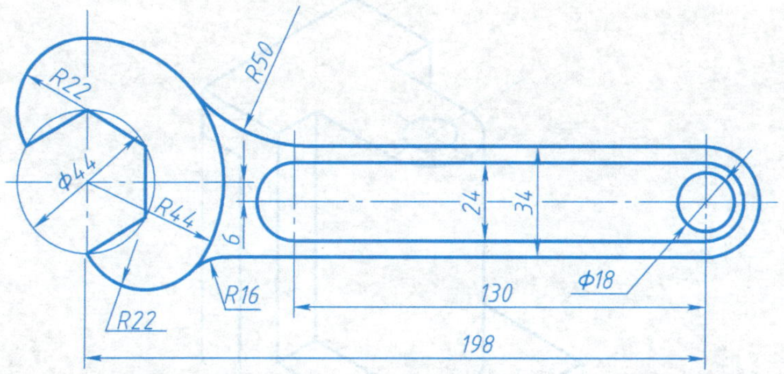

6.

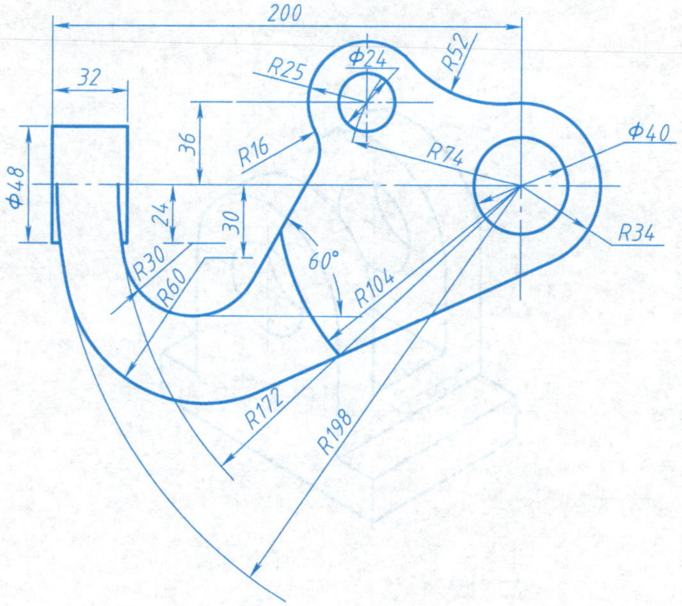

班级		学号		姓名		审阅		成绩	

1.

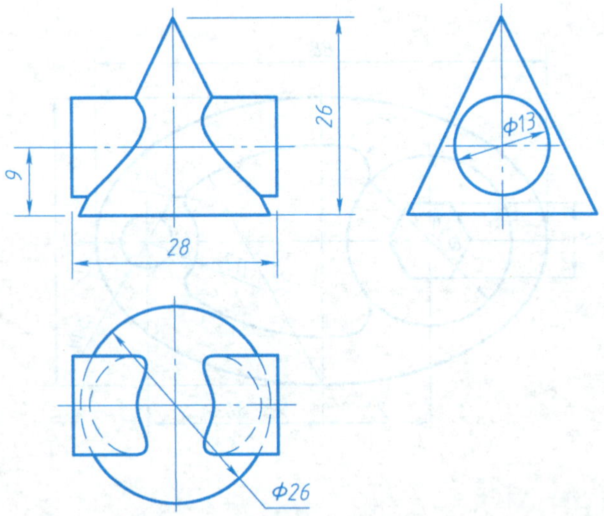

2.

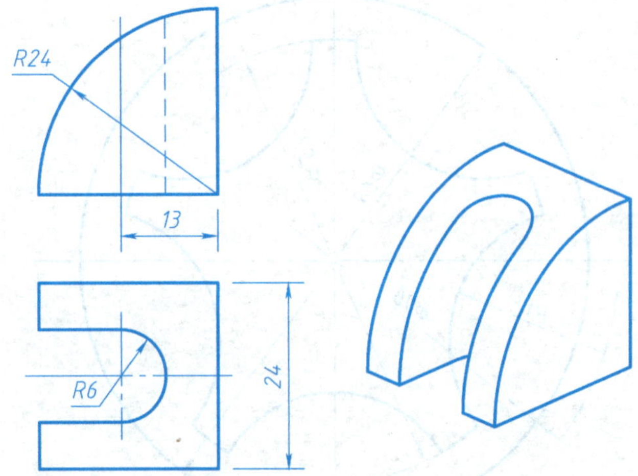

3.

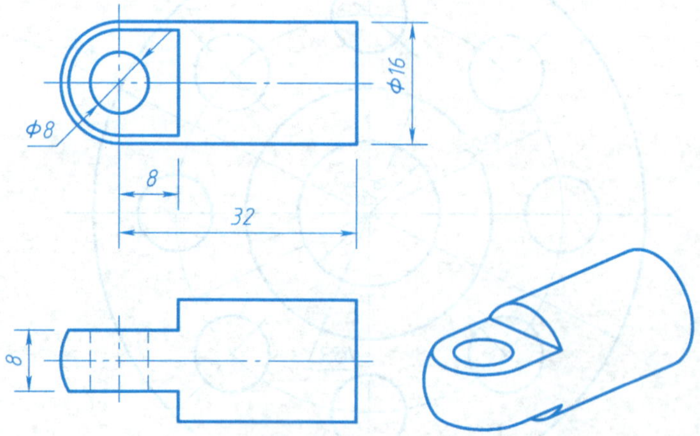

4.

5.

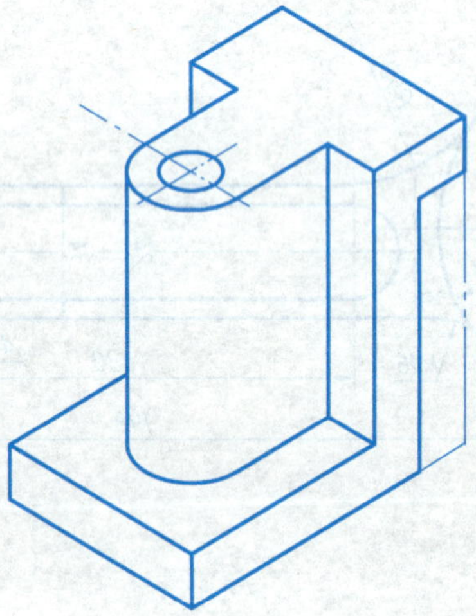

6.

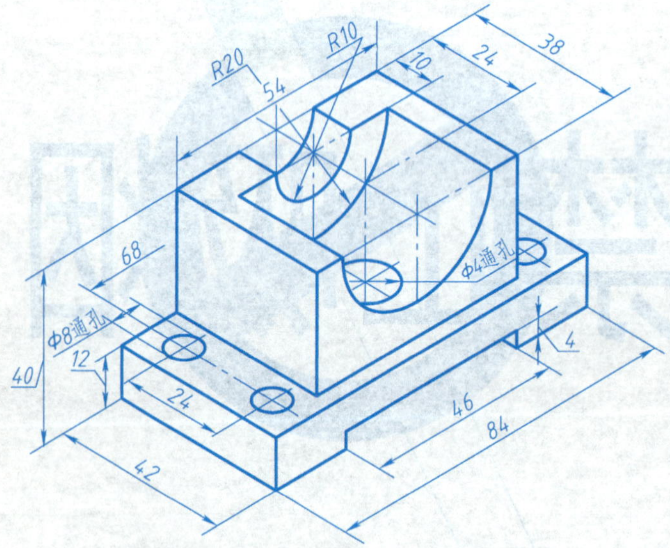

班级		学号		姓名		审阅		成绩	

参 考 文 献

[1] 赵大兴，高成慧，谭跃进. 现代工程图学教程习题集 [M]. 6 版. 武汉：湖北科学技术出版社，2009.
[2] 丁宇明，黄水生. 土建工程制图习题集 [M]. 北京：高等教育出版社，2007.
[3] 焦永和，张京英，徐昌贵. 工程制图习题集 [M]. 北京：高等教育出版社，2008.
[4] 李丽. 现代工程图学习题集 [M]. 北京：高等教育出版社，2007.
[5] 西安电子科技大学工程图学与计算机绘图教研室. 工程制图与计算机绘图（含习题集）[M]. 西安：西安电子科技大学出版社，2012.
[6] 许睦旬，徐仙，温伯平. 画法几何及工程制图习题集 [M]. 4 版. 北京：高等教育出版社，2009.
[7] 孙培先. 工程制图习题册 [M]. 北京：机械工业出版社，2013.
[8] 同济大学、上海交通大学等院校《机械制图》编写组. 机械制图习题集 [M]. 6 版. 北京：高等教育出版社，2010.
[9] 王颖，等. 现代工程制图习题集 [M]。北京：北京航空航天大学出版社，2000.
[10] 朱辉. 画法几何及工程制图习题集 [M]. 6 版. 上海：上海科学技术出版社，2007.
[11] 大连理工大学工程图学教研室. 画法几何习题集 [M]. 北京：高等教育出版社，2011.
[12] 卞正国. 画法几何及机械制图习题集 [M]. 北京：机械工业出版社，1996.
[13] 王槐德. 机械制图新旧标准代换教程 [M]. 北京：中国标准出版社，2004.